BOOKS LIFE
斑马書房

我　思　故　我　在

薛定谔的猫

一切都是思考层次的问题

何圣君　著

Schrödinger's Cat

光明日报出版社

图书在版编目（CIP）数据

薛定谔的猫：一切都是思考层次的问题 / 何圣君著
. -- 北京：光明日报出版社，2024.3
ISBN 978-7-5194-7810-0

Ⅰ. ①薛… Ⅱ. ①何… Ⅲ. ①认知—研究 Ⅳ.
① B842.1

中国国家版本馆 CIP 数据核字 (2024) 第 046363 号

薛定谔的猫：一切都是思考层次的问题
XUEDING' E DE MAO:
YIQIE DOU SHI SIKAO CENGCI DE WENTI

著　者：何圣君	
责任编辑：徐　蔚	责任校对：孙　展
特约编辑：秦　尘	责任印制：曹　净
封面设计：万　聪	

出版发行：光明日报出版社
地　　址：北京市西城区永安路 106 号，100050
电　　话：010-63169890（咨询），010-63131930（邮购）
传　　真：010-63131930
网　　址：http://book.gmw.cn
E - mail：gmrbcbs@gmw.cn
法律顾问：北京市兰台律师事务所龚柳方律师
印　　刷：天津鑫旭阳印刷有限公司
装　　订：天津鑫旭阳印刷有限公司
本书如有破损、缺页、装订错误，请与本社联系调换，电话：010-63131930
开　　本：146mm×210mm　　　　　印　　张：8
字　　数：154 千字
版　　次：2024 年 3 月第 1 版
印　　次：2024 年 3 月第 1 次印刷
书　　号：ISBN 978-7-5194-7810-0
定　　价：49.80 元

让我们来做一个思想实验。

请想象有一只猫，它被关在了一个密闭的箱子中，箱子里有一瓶毒气和一个放射性原子，瓶子上方悬挂着一个铁锤，铁锤由电子开关控制。只要开关被触发，铁锤就会落下，打碎瓶子，里面的有毒气体会迅速弥漫箱子，猫会死亡。

而控制电子开关的是放射性原子，如果原子没有衰变，那么一切都不会发生，猫可以继续存活；而当原子发生衰变，开关就会立刻触发，猫随之中毒身亡。

这一连串的装置与因果链出自奥地利物理学家埃尔温·薛定谔，而这只可怜但不平常的猫，则被后世称为"薛定谔的猫"。

那原子到底衰变了没有呢？这并非一件确定性事件。因为在薛定谔的设计中，原子在1个小时内的衰变概率为50%。所以，在箱子打开前，根据量子力学：原子处于已衰变和未衰变的叠加态，因此，薛定谔的猫也处于"活猫与死猫"的叠加态。

可是，用常识来理解，怎么可能会有"既死又活的猫"呢？该问题曾经困扰过很多人，直到美国量子物理学家休·艾弗雷特三世提出了"多世界诠释"，才对这个问题提供了一个可能的解释。

艾弗雷特三世认为，在箱子打开之前，猫就有"活着"和"死了"两种状态，只是这两种状态存在于两个不同的世界或宇宙中，这两个宇宙是相互平行且独立的。因为每个量子事件都是一个分支点，由此分裂成不同的平行宇宙。而当分裂发生时，其中一个宇宙中的人观察到猫活下来了，而另一个宇宙中的人则观察到猫死了。

尽管平行宇宙理论在刚提出来时并没有在物理学界溅起多少水花，但到了19世纪六七十年代，却在得克萨斯大学布莱斯·德维特教授的推动下，逐渐成了物理学界热门的话题之一。即使到了今天，仍有诸如《源代码》《彗星来的那一夜》《无姓之人》等多部电影讨论过平行宇宙的各种可能性。

看到这里，你可能会认为，无论是薛定谔的猫也好，还是平行宇宙理论也好，这些都是物理学知识，和我一个普通人到底有什么关系呢？

没错，这也是我接下来要重点说的内容：个人如果能深刻地理解薛定谔的猫，理解平行宇宙，理解概率与选择的关系、运气与选择的关系，并合理地运用一些策略，那么就有机会做对选择，跃迁进入一个又一个更好的平行宇宙，也能在不断跃迁的过程中成为更佳版本的自己。

这听起来有些匪夷所思，那么我们不妨来看看"现在"。

你知道吗？此时此刻，当你看到这行文字的时候，你可能会被手机信息等各类因素打扰，中断阅读本书，随后就与此书无缘了；你也可能会选择继续阅读，并读完本书。

两种不同的选择，会让你进入截然不同的平行宇宙，直到面临下一次选择时，分化会再次发生。是的，不同的选择会导向不同的结果。你将在不断地做对选择中，成为更佳版本的你。

你可以选择每天阅读一点，陆陆续续地把这本书读完，习得其中的知识，掌握成为更佳版本的自己的策略，并把它们知行合一地践行到生活和工作中；也可以把注意力和时间浪费在只能产生短暂大脑多巴胺的娱乐项目上，如短视频或游戏，并乐此不疲。

没错，做出什么样的选择是关键！

在过往的人生经历中，我也曾经面临各种选择。比如，要不要选择转行，从一个深耕十多年、熟悉无比的传统制造业，投入到喜欢但陌生的互联网行业中；又如要不要养成早起的习惯，将早上5—6点的宝贵时间投入写作这件事情上来。

回过头来看，我似乎都做对了选择，有方法论的因素，也有运气的成分。

今天，我把曾经帮助过我的这些方法论、读过的书、走过的路总结成了这本《薛定谔的猫：一切都是思考层次的问题》，希望它能帮助你厘清概率和选择、策略和选择以及运气和选择之间的关系。

本书共分为六章：

第一章，薛定谔的猫。这是我们这趟"选择之旅"的开端，我会带着你从"薛定谔的猫"与"平行宇宙理论"开始，逐一厘清影响我们做对选择的三个关键变量。通过理解这些变量的本质，以及高手如何巧妙地运用这些变量成就事业与获得财富，从而让你初步了解我们想要成为更佳版本的自己的有效路径是什么。

第二章，生命叠加态。我将把三个关键变量代入不同的策略中，让你看清楚为什么有些策略会十分奏效，而你又该如何把这些奏效的策略逐步地内化成为你平时的选择之道。

第三章，人生概率论。我将不仅与你讨论不同选择的概率，而且还会向你展示高手们如何将不同选择在同一时空并行运用，并发挥出它们组合在一起的整体效能。

第四章，找准底层规律。这部分是更深层次的讨论，我们会由表及里，探讨"选择背后的'为什么'"，从底层规律里，在你还无法立刻从选择中获得正反馈时，找到让你坚持这些选择的原动力，从而帮助你更有效地做到知行合一。

第五章，运气的科学。我会从"科学与概率"的角度带你重新认识运气，不仅让你习得获得好运的方法，将厄运逆转为好运，而且我还会手把手带你牢牢地抓住"运气的运气"，从数学结构上带你领略升维改运（概率变大）的思路。

第六章，现实中的选择。这一章则是将我们前面所讲的内容融会贯通，逐一内化到真实世界的生活与工作的不同场景中，帮助你不仅"有知"，而且还能"有行"，真正地通过做对选择实现跃迁，进入更好的平行世界，有策略地成为更佳版本的自己。

事实上，本书是《熵增定律》与《熵减法则》系列图书的"番外篇"，它是从"选择"的维度来帮助你复盘过去、审视现在、把握未来的一本书，也是一本结合我自己的亲身经历，向你现身说法的书。

因为现在的你可能如同曾经的我，一样普通，一样迷茫，一样对生活缺乏掌控。但正是在普通、迷茫、缺乏掌控感的路上，可能因为一些奇遇，并且在奇遇中做对了某些选择，而跃迁进入更佳版本的平行宇宙。

到目前为止，我在这趟平行宇宙的跃迁途中，不仅不再迷茫，而且找到了自己未来的人生方向。职场上，我逐渐地从一个想升任经理却苦求无果的普通生产工程师，逐步跃迁，成了现在垂直赛道头部企业的副总经理；财务上，也已经通过选择并学习了有效的方法论，掌握了长期年化收益率达到10%左右的技术，不再为金钱焦虑，时刻拥有"想不干什么就不干什么"的底气。这些，都是10年前跃迁前的我无法相信自己可以做成的事情。

有人曾说，一个人往往会高估1年所产生的变化，而低估10年可以获得的成就。而这些变化与成就取得的第一步，正是来自"正确的选择"。

现在，当你读到这里的时候，也可能是一次人生中重要的奇遇，这次奇遇意味着你也已经站在了一个全新平行宇宙的入口，而是否跨入，则取决于你下一步的"选择"。

如果你已经准备好了，那么接下来，就让我们开始本次关于"选择"的旅程吧。

第一章 | 薛定谔的猫

第二章 | 生命叠加态

第三章 ┃ 人生概率论

第四章 | 找准底层规律

第五章 ｜ 运气的科学

第六章 ┃ 现实中的选择

第一章 |

薛定谔的猫

第一节　薛定谔的猫：
平行宇宙中的我们

让我们来想象一个场景。你坐在一张桌子前，桌子上的硬币在飞速地旋转。突然，一只手啪的一声拍在硬币上，盖住了这枚硬币，然后这只手的主人对你说："来，请猜一下硬币的正反面。"如果猜对，你可以获得100万元人民币；猜错，你则一无所获。

我们假设你非常需要这笔钱，比如它可能是用来治病救命的钱，猜对或者猜错都将对你接下去的人生产生巨大影响。是的，就在硬币上的手即将离开桌面但还没离开的这一瞬间，你的人生将发生分岔，裂变成两个不同的方向。

从"薛定谔的猫"到"平行宇宙学说"

早在1935年，奥地利物理学家薛定谔就提出过关于一只猫生死叠加态的著名思想实验。

就像我们在前言里提到的，这只猫和一瓶毒药被共同放置在一个密闭的箱子里。毒药瓶的上方有一把锤子，而锤子则由电子装置控制，电子装置的开关取决于一个放射性原子是否发生衰变。若衰变发生了，电子装置被触发，锤子落下砸中毒药瓶，释放出剧毒的氰化物，猫将被毒杀；若衰变未发生，密闭箱子中的毒药瓶则安然无恙，猫也将继续存活。但放射性原子的衰变是随机的，也就是说，如果我们不打开这个密闭的箱子，就无从知晓猫的生死。

而根据经典量子力学理论，由于放射性原子处于衰变或未衰变这两种状态的叠加，因此，如果没有打开密闭的箱子观察实验中的猫，我们永远无法知悉其生死，它也同样处于死亡与存活的叠加态。所以，所谓薛定谔的猫，描述的正是这只猫既死又活的状态。只有打开箱子的一刹那，叠加态才会突然结束，生与死才会坍缩成其中的一种。

看到这里，你可能一脸蒙。什么是叠加态？什么是坍缩？一只猫要么是存活的，要么是死亡的，怎么可能既死又生呢？

这其实和我们学习过的电子双缝实验有关。在该实验进行时，电子通过狭缝会在屏幕上形成明暗相间的干涉条纹，因为电子具有波动性，所以就像水波一样，电子与电子之间会发生互相干涉。不过，一旦我们设法观察单个电子具体走的哪条狭缝，干涉条纹就会消失，电子从原本的两条狭缝变成只走其中一条狭缝，因此就无法发生干涉了。

所以，在没有观察的情况下，电子没有确定的位置，因而电子便是在各种位置的叠加态。而当观察发生时，叠加态就会发生坍缩，即看到的就是多种可能性中唯一的结果状态。

以上内容属于经典量子力学中的哥本哈根学派的观点，但薛定谔认为这种理论是不完备的，因此提出"薛定谔的猫"思想实验来反驳这种观点。因为"既死又活的猫"在宏观世界中是难以理解的。1957年，美国普林斯顿大学物理学者休·艾弗雷特三世提出了多世界诠释，这种理论的优点是不必考虑波函数的坍缩，因而为"薛定谔的猫"中的悖论提供了一种可能的解释。

艾弗雷特三世认为，在"薛定谔的猫"思想实验中的箱子被打开前，一生一死两只猫都是存在的，只不过它们处于不同的两个宇宙。其中的一个宇宙是"原子衰变了，猫死了"，而另一个宇宙是"原子未衰变，猫也没有死"。这两个宇宙平行存在，会完全互相独立地演变下去。

如果你第一次听到这种说法，会觉得有些匪夷所思。但艾弗雷特三世的一个提醒让人振聋发聩，他说："你能感觉到自己以每秒30千米的速度绕着太阳旋转吗？显然，我们不能。"

有意思的是，艾弗雷特三世的平行宇宙学说并非首创，早在公元前5世纪，古希腊哲学家德谟克利特就提出过"无数世界"

的概念；公元前4世纪古希腊哲学家伊壁鸠鲁也认为存在"无限多个世界"；微积分的发明者之一，17世纪德国数学家莱布尼茨同样提出过"可能世界"的概念，他设想，在我们这个可以被观测的宇宙范围之外，存在着无穷多个世界。

三层平行宇宙

平行宇宙学说自提出到发展至今天，已经有了一定的理论体系。根据美国麻省理工学院物理系终身教授，被誉为"最接近理查德·费曼的科学家"迈克斯·泰格马克教授的研究表明，除了最前沿的"数学宇宙假说"，传统上广为流传的主要有三层平行宇宙。

第一层平行宇宙与我们目前所处的宇宙极其类似。在所有第一层平行宇宙中的居民眼中，苹果从树上掉下来会砸到地板上，山川河流符合一般自然规律，我们共享相同的万有引力、能量守恒等物理定律。但不同平行宇宙中的历史可能不一样，在其他多个平行宇宙中，三国可能没有鼎立过，岳飞可能没有被金牌召回，雍正可能也没当上皇帝，等等。

你可能会很好奇，如果以上这些都不存在，那是否会有你这个人呢？根据泰格马克的理论，你必定是存在的，因为平行宇宙的个数为无穷大，所以在那么多的第一层平行宇宙中，必然会有无数个你，也总有一个与你一模一样的人，和你的人生经历完全相同，现在也正在打开这本书，和你阅读着一模一样的内容。

第二层平行宇宙则与我们的宇宙有极大的不同。最大的不同是，我们习以为常的物理定律发生了变化。如何来理解呢？想象我们人类是大海深处一辈子都没有跃出过水面的鱼，我们在水中受到的浮力，游泳时遇到的海水摩擦力，这些都是我们认知中的"物理定律"。由于常年生活在液态海水中，我们从未见过海水的气态和固态，不知道天空中还有一种叫作鸟类的动物可以自由地翱翔、捕食，更不可能知晓还有一种叫作人类的物种发明各种装置上天入地。

同样，我们人类由于身处第一层平行宇宙，也无法理解第二层平行宇宙中物理定律变化后会是怎样的，因为如同深水鱼类未曾有过见识，人类的局限性限制了我们的想象力。

第三层平行宇宙被称为"量子平行宇宙"，存在于一个叫作"希尔伯特"的抽象空间中。简单的解释就是，希尔伯特空间拥有无限个空间，其中既包括薛定谔的猫被毒死的空间，也包括它还活着的空间，这些不同平行宇宙的形成皆是由于每个量子事件都是一个分支点，由此分裂出不同的平行宇宙。在泰格马克看来，这种分裂从宇宙大爆炸时就早已开始了。随着无数个变量分裂成无穷多个不同的量子平行宇宙，我们作为个人，人生的所有可能性也都在量子平行宇宙中变成了不同版本的现实。所以，第三层平行宇宙，也是我们本书重点探讨的内容。

现在的你，来自过去的选择

现在，我们先假设量子平行宇宙的学说成立，那么现在的你，必然也是无数量子平行宇宙中某一个的版本。而这个平行时空的你之所以是现在的模样，主要归因于过去无数个选择（变量）的叠加。

在你的人生中，有重大选择的时刻吗？比如你在中高考填写志愿的时候，又或者在毕业后投简历去公司面试的时候，甚至你在选择另一半的时候，这些重大的选择都会把你引入到不同的平行宇宙中去，让你产生不同的人生分支。一言以蔽之：现在的你，是你过去所有选择的总和。

当然，影响你人生的不仅仅是这些关键节点的大事，很可能还有那些并不起眼的小事。

我清晰地记得，在我的学生时代，初中毕业时的那个暑假，我与家人去庐山游玩，当我们将要抵达山顶时，悬崖处的美景吸引了我的注意。那时，我的脑海里突然冒出一个疯狂的念头——

另辟蹊径，不走寻常路，爬到这处险地去拍一张照。

　　拿定了主意后，我立刻开始行动起来。我模仿攀岩运动员，开始往悬崖处攀爬。可是，爬了没几下，我的右腿突然抽筋，身体不由自主地往下滑。几秒钟后，我整个人滑进一条小溪中，而半米开外的悬崖则正是这条小溪的尽头。少年的我故作镇定，可右腿的肌肉却很诚实，不听使唤般地发起抖来。被家人营救上来后，那天晚上，我感到一阵后怕。现在回忆起来，幸好运气好，这个平行宇宙中的我存活了下来，在这里为你写这本书。而另一个平行宇宙中的我，可能已经跌入悬崖，成了当年次日的一条"景区坠亡"新闻中的遇难者。

　　旅行中的这个小插曲对我的性格影响很大，从此以后，我从一个鲁莽行事的小伙子变成了一个异常谨慎的人，每次在做决定时都会考虑风险与收益。比如，去悬崖边上拍一张美景照显然就是一件"收益有限，风险无限"的事。

　　你看，现在的我，来自我过去的经历选择；而现在的你，也来自你的过往经历选择。那么未来的你呢？是的，未来的你，来自当下的选择，平行世界无时无刻不因选择而分裂。过去的经历选择既成定局，已无法改变，但在未来，你是否想成为更佳版本的你呢？是的，关键依旧在选择。而具体要怎么选？关键在于三个重要的变量，即胜率、赔率和下注比例。

第二节　胜率：
高手的人生算法

第一个变量是胜率。什么是胜率？它是指获胜的概率。用公式来表达：胜率＝成功次数÷（成功次数＋失败次数）。

比如，一场比赛一共分为5局，你赢了其中的4局，你的胜率为4除以5，等于80%。同样的道理，一个岗位共有1000个应聘者，但真正能被录取的只有10人，那么在假设应聘者水平差不多的情况下，你的胜率就只有1%。

在薛定谔的猫的实验中，猫有一半的概率活下来，一半的概率会被毒死，所以猫活下来的胜率就是50%。而如果现在有3个一模一样的箱子让猫去做选择，这3个箱子的内部胜率分别是10%、50%、90%，你猜猫会怎么选？

没错，它会随机挑选，因为它从未开启理性灵智。

识别选项胜率

你心里可能会想：我又不是猫，而是人类这种高级动物，且人类早已开启灵智。如果让我来选，当然会选择胜率最高的那个箱子。可是，在真实世界中，事实真的是这样吗？

很遗憾，不一定会。因为人类的进化历史早已在我们大脑中植入了快思考与慢思考两种思维模式。其中快思考模式决定了我们在心理层面会存在各式各样的认知偏差，这就导致多数人在未经训练之前，很容易被这些认知偏差摆布，最终进入胜率更低的平行宇宙中去。其中对我们影响最大的主要有三种心理偏差。

第一种，可得性偏差，它是指人们往往会根据"是否容易获得"来决定自己的选择。

比如，不少家里有一定社会关系的人，在刚从学校毕业后，他们会由亲人张罗着介绍工作。这些工作岗位大多相对稳定，符合上一辈人的认知标准。

一开始，这位社会新人可能还会自己在网上投递简历，做些最后的倔强。但在大多数情况下，简历如石沉大海，面试屡遭失败。这让他产生了自我怀疑，继而"束手就擒"，选择服从来自父辈的安排。

但来自父辈的安排的胜率可能会偏低，这是因为父辈通常更偏向于求安稳。而且，这类企业往往已经过了成长期，进入成熟期，甚至可能已经一只脚踏入了衰退期。而成熟期后的企业不仅内部权力阶级相对固化，年轻人上行通道也更狭窄，而且整个行

第一章　薛定谔的猫

业的内卷程度也更高，供需的天平也处于供给大于需求的局面。

　　第二种，沉没成本。是指发生在过往，但不能由现在或将来的任何决策改变的成本。

　　商业历史中关于沉没成本的一个著名案例诞生在英特尔。20世纪80年代，英特尔的主营业务不是现在的微处理器，而是存储器。当时，由于日本厂商采取低价策略，导致英特尔连续6个季度持续亏损。

　　在此困局中，英特尔高层面临着两难。某日，总经理安迪·格鲁夫在与董事长摩尔的谈话中问出了一句流传后世的经典言论："如果我们都被赶下台了，新上任的继承者会怎么做呢？"摩尔思考了一会儿，回答："他应该会放弃存储器业务。"格鲁夫说："那我们为什么不假装被赶出公司，再重新上任呢？"

　　就这样，安迪·格鲁夫与摩尔擦掉了一个低胜率选项，并在一个高胜率选项下打了勾。从此开启了一个全新平行宇宙，英特尔也在后续的几十年中高速增长，一举成为微处理器赛道的龙头，并以"Intel inside"（内含英特尔）的口号，将品牌驻扎进了全球商务人士的心智中。

　　然而，能够成为英特尔的企业屈指可数，能够果断放弃沉没成本的个人更是凤毛麟角。不少企业如柯达、诺基亚都因为舍不得沉没成本，不断失去市场竞争力；很多难以割舍沉没成本的个

011

人也在一次次失去开启全新平行宇宙机会后扼腕叹息。

第三种，处置效应。处置效应往往发生在投资的决策中，它是指人们在处置投资项目时，更倾向于卖出已赚钱的标的，而继续留下亏损的标的。

比如你有2万元可供投资，都以10元的价格分别买入A、B两只股票，其中一只跌到9元，另一只涨到11元。此时，如果急需用钱，大多数人会选择抛售涨到11元的股票B，而保留跌到9元的股票A。而事实上，跌到9元的股票胜率更低，很可能会继续跌；而涨到11元的股票则拥有更高的胜率，更可能持续上涨。这是因为在一段时间内，趋势并不会马上发生显著改变。

由此可见，无论是可得性偏差、沉没成本，还是处置效应，都会让我们变得不理性，看不清状况甚至直接忽略了选项的胜率，继而做出错误的选择。

影响胜率的三种"差"

为了能显著提高胜率，开启更好的平行宇宙，成为更佳版本的自己，我们需要了解影响胜率的三种"差"。

第一种"差"是命运差。比如，你成长在什么城市、什么家庭，由此产生的差异可归于命运差。

比如，出生在北上广深的年轻人天然就比北漂、沪漂、深漂等在存钱方面有更高的基础胜率。因为他们大多不需要花费额外的金钱去租房，多出来的资金能让他们有更多其他选择。但这些都是先天赋予我们每个个体的人生开局，只能接受，无法改变，更不可被复制。

第二种"差"是信息差。这指的是别人知道，但你不知道的信息。这些信息很关键，它们能辅助你在选择入局前先识局，厘清了胜率之后再做出选择。

比如，我们都知道领导是我们在职场上很重要的"贵人"，所以选择跟对领导很关键。但一个领导是否值得追随，这些都是很难通过外部视角的简单观察来做判断的。因此，当某位领导递来橄榄枝时，考察对方，及时补齐信息差，就是在为我们之后职业生涯的发展胜率和职业体验负责。

当然，道理容易理解，但具体要如何落实到行动才能补齐更多信息差呢？

一种办法是多与他人交流。自己知道的信息毕竟是有限的，通过与他人交流，能够获取更多、更全面的信息。虽然得来的消息并不一定可靠，但从侧面了解一些内幕，多做一些预案，总不会有坏处。

另一种办法是多读历史。因为阳光下没有什么新鲜事，表象中的套路方法总会惊人相似，背后的本质也多是一致的；历史虽然不会简单地重复，但总是押着相同的韵脚。熟读历史的人就像考前刷过很多题的学霸，瞄一眼题目，就能立刻洞察出题者的意图。

第三种"差"是认知差。指的是我们虽然知道同样的信息，但由于认知的高低差异，会做出截然不同的选择。

假设你在大学本科时的专业是工程管理，目前你在一家传统制造业任生产经理，管理着一个30人左右的班组长团队。有一天，一个机会出现了，摆在你眼前的选择路径有两种：第一，继续留在老地方，以你10多年的生产线经验，这可谓游刃有余，尽管上升通道相对比较狭窄；第二，放弃管理岗，只身前往互联网公司，从一个最基础的单兵运营干起，这虽然有风险，但是未来充满无限可能。

很多人，尤其是35岁以上的职场人几乎不会考虑选项二，因为放弃过往的积累对他们来说，代价过于巨大。换作是你，你会怎么选？

具备认知高度的人可能会从"点线面体"的模型来看待这件事情。点，是个人；线，为部门；面，即公司；体，代表行业。许多个"点"组成一条"线"；许多条"线"交织成一个"面"；无数个"面"构建出"体"。因此，当个人在面对转行的路径选择又很难做出判断时，不妨问问自己以下几个问题：

第一，这个行业（体）是否仍旧是朝阳行业，年增长有没有放缓？

第二，这个公司（面）处于初创期、成长期、成熟期，还是衰退期？

第三，这个部门（线）是核心部门还是边缘部门？

第四，这位领导（点）是德才兼备、值得尊敬，还是德不配位、冷漠无情？

当一个人通过熟练使用认知模型去解析类似问题时，哪条路的胜率更高自然清晰明了。

局部胜率

除了通过填补信息差和认知差，设法全面地分析胜率，高手还会通过开辟新赛道让自己获得局部战场的胜率优势。

友邻优课创始人夏鹏老师就曾经做过这样一段分享：

夏老师在学生时代刚考入南京大学时，发现班级里的同学数学成绩一个比一个厉害。于是，他打定主意走差异化路线，开辟新赛道。他每天在寝室里看英语演讲视频，刻苦练习英语演讲技巧。结果大二上学期，他拿下"外研社杯"全国英语演讲比赛第三；下学期获得"21世纪杯"全国第一；接着代表中国，在国际英语演讲比赛中获得第一。

2007年，大学毕业后，当同班同学有的保研，有的考进康奈尔大学等世界名校时，夏老师再次不走寻常路，他用自己在英语方面的优势，选择成为一名新东方讲师。

再到后来，夏老师选择成为一名创业者，并在知名短视频平台积累了200多万的粉丝。

所以，当一个高手发现一个地方竞争激烈、内卷严重时，他会选择不用普世的标准和身边人陷入内卷，而是建立自己的标准去"卷"别人，利用局部优势获得高胜率。而这，正是高手们寻找并成为更佳版本的自己的智慧。

第三节　赔率：
　　　　找到压倒一切的结局

第二个变量是赔率。什么是赔率？它指的是收赔指数。同样用公式来表达：赔率=获胜盈利数÷失败亏损数。

比如，你和别人打赌，赌注是10元。打赌的内容是：你们共同的一位同学甲，如果这次全班考试进入前10名，对方就要支付你20元。此时，你在这场打赌中，关于甲获胜的赔率就是20元÷10元=2倍。

可是，为什么别人愿意和你打赌呢？别人不会觉得吃亏吗？当然不会，因为甲平时成绩不怎么样，他能考进全班前10名属于小概率事件。

事实上，真正可能吃亏的人是你，因为赔率只有2倍，但甲在短期内考进前10名的概率也可能只有10%。

关键问题来了，如果胜率很低，有没有什么方法可以设法找到压倒一切的结局呢？没错，这就是接下来我要和你分享的秘籍。

风险投资的秘籍

腾讯原副总裁吴军老师曾在《信息论》中讲过一个关于哈夫曼编码理论在风险投资中的运用方法。所谓哈夫曼编码理论，其实是一种计算机底层算法，该算法通过用较短的短字符代替高频出现的长字符，实现压缩文件的大小。

比如，我们假设在一个文件中，"ABCDXYZ有限公司"这串长字符为高频字符，算法就能用某个字母加数字来代替，比如"A1"，由于长字符为15字节，而代替的短字符"A1"仅有2字节，如此一来，就能实现7.5倍的压缩倍率，从而实现有限资源的有效利用。

所以，哈夫曼编码理论的本质其实是把稀缺资源，即案例中的A1，给了高频出现的内容，以实现优化效率的结果。借鉴该算法，哈夫曼编码理论中"资源给高频"的方法，也就演变为风险投资行业里的一门秘籍。

怎么来理解这种秘籍呢？我们假设一家风投公司计划将1亿美元风险资金投给市场上具备高成长潜力的初创公司，从而获得高额回报。倘若现在共有100家公司等待筹措资金，风投公司会把这1亿美元平均分配给这100家公司，即每家100万美元吗？

显然不会。但风投公司会根据哈夫曼编码原理将1亿美元分为5份，每份2000万美元。

在天使轮，即第一轮，给这100家公司每家20万美元。一段时间后，在"二八定律"的作用下，80家公司关门倒闭，但依旧有20家存活了下来。

接着进入A轮，即第二轮，总量仍旧为2000万美元，平均分配给存活下来的20家，每家能分配到100万美元。一段时间后，大多数公司又倒闭了，可能只存活了4~5家。

然后进入B轮，即第三轮，2000万美元再让剩下的4~5家公司去分，每家可获得400万美元或更多。

最后，当这400万美元花得差不多时，真正能存活下来，找到盈利模式且依旧能持续高速增长的只有1~2家企业，而这1~2家再来瓜分最后的4000万美元时，他们就可能最大化地提高该笔资金的使用效率，而风投的巨额投资也会成为这1~2家公司之后高速成长、发展的宝贵燃料。

在这整个过程中，风投公司从开始到最后，在这剩下的企业中所占据的股份，最终就能给自己带来几倍、几十倍甚至上百倍的投资回报。

是的，这就是风险投资家的秘籍。胜率虽低，但依靠高赔率，依然找到了压倒一切的结局。

读到这里，你可能会一边感叹，一边疑惑，方法虽精妙，但这和我个人有什么关系呢？

个人获得高赔率的方法

个人不同于风投公司，普通人很难拿出大额资金去找项目，更不可能将有限的资金分成若干份，成为投资人。但个人最大的优势是，可以充分利用自己在某件事情上的"重复次数"，实现类似的效果。

在讲具体是怎么回事儿之前，让我们先从数学的角度来做一次探讨。

假设一件事情的胜率很低，只有10%，但赔率极高，能达到成千上万倍。我们要重复进行多少次，才能把整体胜率提高到95%以上呢？

答案是：重复29次。

因为当胜率为10%时，意味着失败率为90%，而90%的29次方约等于4.71%，即一件失败率为90%的事情重复29次，只有4.71%的可能性是全都失败。

而100%-4.71%=95.29%，所以，如果一件胜率仅为10%的事情重复了29次，你就有95.29%的概率把它做成至少一次。

数学公式与概念有些抽象，让我们来看一个鲜活的案例：某视频网站很火的UP主（指在视频网站、论坛等站点上传视频、音频文件的人）——"半佛仙人"。

"半佛仙人"在他的视频中曾分享过，他从小学六年级开始就坚持写文章、写帖子。曾经混迹过众多网络平台，还写过各种网络小说，但始终溅不起什么水花。因为写什么都没人看，更不用说线下各种杂志投稿了。

很多人在尝试了几次、收不到什么正反馈后，可能就会把"重复次数的计划"搁置了，但"半佛仙人"选择白天上班、晚上写，有时"工作一天下来累得要死，临睡前怎么着也得弄个1000~2000字，不然我不允许自己睡觉"。

"半佛仙人"说，从他小学六年级发表第一篇文章开始，直到在公众号第一篇文章的累计阅读量达到10万以上，这一天，他等了近20年。

对于"半佛仙人"的经历我也深有体会。2008年金融危机时，我断断续续只要有空就会写一点，结果花了不到1年，写成了一本叫《80后如何对抗金融危机》的书，但这本书你在市面上找不到，因为它从未问世，胎死腹中。

我也曾有过自我怀疑，认为自己可能永远无法出版书籍，更不可能靠写书赚钱，拥有支持我的读者们。直到2015年年末，当我重新开始动笔时，移动互联网正好兴起。

　　在此期间，我重复着把一篇篇写成的原创文章在多个平台上发表。没几个月，就有一家公司的编辑在网站的私信功能中联系我，问我有没有兴趣写一本心理学相关的书。一开始，我还以为遇到了骗子，直到我拿到写书合同时，我才发现一个全新的平行宇宙开启在了我眼前。

　　就这样，从《博弈心理学》到《营销心理学》，从《行为上瘾》再到《熵增定律》《了不起的自驱力》，一个以为自己永远出版不了一本书的人，在短短的几年里一下子出版了5本书，赚到了一些小钱，并燃起了斗志，决定把出版50本书作为开启个人全新平行宇宙的大门。

　　"半佛仙人"说他是硬生生地熬运气，是用下班后的睡前时间熬出来的。而对我来说，我则是把每天早上5点到6点的时间利用起来，写上500字后再去上班，用每天重复这个动作的次数，去踮着脚，去摸高，摸这件事情的整体胜率。

　　虽然到目前为止，从金钱的回报来看，赔率还不算太高，但那又怎样？每个人的价值偏好不同，倘若在这个平行宇宙中，在未来的50本书里，哪怕只有一本能在人类历史上留下一点点足迹，就已经超越了我对于这件事情赔率的所有期待。

你的高赔率在哪里

说完了"半佛仙人"，说完了我，我们再来说说你。

今天，就让我们一起使用下面这个工具来找回我们的高赔率结局。

这个曾经帮我做出选择、开启一个个全新平行宇宙的思维模型叫作"甜蜜点"思维。它是指把你喜欢的、擅长的、社会需要的部分，分别都找出来，然后做一个交集，该交集就是你的甜蜜点。

第一，你喜欢的。这件事情别人干起来很辛苦，但你干起来仿佛是在娱乐，在此过程中，你会感觉时间过得很快，而且你能从中获得满足感。

第二，你擅长的。因为这件事情的重复次数很多，你已经十分熟练了，甚至都已经娴熟到信手拈来的地步。简单来讲，别人花1小时才能搞定某项任务，你可能易如反掌，不到半小时就完成了。

第三，社会需求。你做的这件事情是有价值的，正因它有价值，别人愿意为此投入他的注意力和时间，有些则愿意支付金钱。

当你找到属于你的甜蜜点时，哪怕它的单次胜率微乎其微，这件事情也依旧是你最容易去重复的事情；甚至当你无法在短期内获得外部反馈时，你在做这件事情时获得的精神满足感依旧能支撑你去践行"重复次数的计划"，让你的整体胜率越来越高，直至触发高赔率结局，抵达你心之向往的地方。

第四节　下注比例：
##　　关于 All in 的三个启示

第三个变量是下注比例，指在某场赌局中投入资金占总资金的比例。用公式表达：下注比例＝投入资金÷总资金。关于下注比例，你经常会听到一个词组：All in，即全部投入。那 All in 到底好不好呢？

我们先来看一个例子。

甲和乙玩扔骰子，骰子扔出 6 算乙赢，骰子扔出 1 ~ 5 都算甲赢，赔率都是 2 倍。这个游戏看起来甲似乎占尽了便宜，胜率高达 83.3% 左右；而乙则只有约 16.7%。但实际上还有另一条规则，甲每次必须 All in，而乙则可以任意下注，且只有乙同意暂停游戏，甲才能离开。如果你是甲，这个游戏你玩不玩？

答案显而易见，当然不参与。因为一开始甲可能会赚得盆满钵满，但只要骰子扔出一次 6，甲就将面临资产清零的局面，之前赢的部分也都将灰飞烟灭。

以上游戏模型看起来十分简单，很容易理解，但却能给我们三个重要启示。

第一个启示：永远不要 All in

有知有行 APP 创始人孟岩老师曾经分享过一个案例，他的某位朋友是国内知名互联网公司的早期员工，享受着互联网红利带来的高薪和公司配给的期权。这样的人生本来是很不错的，如果能通过资产配置（根据投资需求将投资资金在不同资产类别间做分配），且长期有很高的胜率，可获得 8%～10% 的年化收益，或许用不了多久他就能实现财富自由，过上追寻生命意义的日子了。

但正所谓"乐极生悲"，人们在顺境中往往容易滋生无所不能的情绪，很容易放大对收益的期望值，而忽略风险。这位朋友认为"10% 左右的收益率太低了"，凭借着对互联网公司了解的自信，他选择全仓买入中概股（中国概念股，是指外国投资者对所有海外上市的中国股票的统称，大多为互联网公司）。

2022 年 3 月，这位朋友向孟岩老师求助。第一，他被裁员了；第二，由于裁员，他的期权只能兑现一部分，且市值已大幅缩水；第三，中概股大部分也都从最高位缩水，幅度达到 2/3 左右。

原本正常的生活被现实无情地打乱了：不仅生活质量大幅下降，而且每月还面临着高额房贷、车贷的偿还压力。

因此，永远不要All in是一种智慧，而这种智慧包括两方面。

第一，拥有自我复杂性。自我复杂性是心理学者林维儿在20世纪80年代提出的观点。它是指个体是由多个自我形成的，自我面数量越大，自我复杂程度就越高；反之，自我面数量越少，自我复杂程度就越低。而自我复杂程度更低的人在面对不确定性时会更脆弱。这就好比一张桌子如果只有一条腿，压根儿都站不住，而如果桌腿的数量足够多，即便去掉其中一条，桌面依旧稳如磐石。

所以，任何方面的All in显然是以放弃自我复杂性为代价的，哪怕胜率再高，只要选择All in，就会存在被清零的可能。这也是为什么英国皇室有一条不成文的规定，皇室子嗣不准搭乘同一班飞机。因为虽然飞机失事的概率极小，英国皇室依旧担心可能开启出王位继承权发生倾覆性事故的平行宇宙。

第二，拥有平静的内心。人是情绪动物，绝大多数人面对压力时，大脑会不受控制地分泌大量皮质醇。皮质醇是一种应激激素，远古时期，当猛兽从灌木丛中向人类始祖袭来时，如果没有皮质醇，就只能吓得呆若木鸡；而通过皮质醇分泌，把肌肉释放的氨基酸、肝脏产生的葡萄糖和来自脂肪组织的脂肪酸输送到血液里充当能量，身体会本能启动战斗或逃跑反应，从而应对生命危机。

然而，皮质醇的分泌也会让大脑的思考能力下降，如果在此期间采取了未经审察的行动（比如满仓的股票狂跌时，人们更容易夜不能寐，更倾向于割肉离场），将大大地降低行动的胜率。

第二个启示：职场上，永远不站队

职场站队就相当于把你自己某段时间的职业前景All in在了某一个领导的身上。这样做到底好不好？不同的人对于职场站队有不同的看法。比如有人会觉得"上面有人好办事"，又或者"领导会优先把资源分配给自己人"。我们不如回到原点，从开启不同平行宇宙的观点出发，你会发现一个事实：一旦你选择了站队，未来的选择会变得越来越少，路也会越走越窄。这主要体现在三方面。

第一，站队后，你很可能会沦落为一个工具人。按照清华大学宁向东老师的分法，任何组织都可以大致分为如下四个层级：领导者、权臣、骨干和员工。领导者大多是有一定使命愿景的人，但领导者需要团队帮助他实现愿景。

因此，每个组织都需要有若干副总裁辅佐领导者，而这些副总裁会分化出两股：一股没有自己的派系人马，宁老师称他们为"普通臣"；另一股有派系人马，则称为"权臣"。权臣为了实现自己的意志会刻意从普通员工中发现某项能力更强的骨干，而那些愿意被招揽的骨干就完成了站队，成为权臣的嫡系。

但我们说了，权臣之所以要用你这位骨干，是想贯彻他自己的意志，大多数权臣不会容许一个有思想的骨干，而仅仅希望这位骨干好用。

骨干如果只是机械地执行任务，而不思索任务背后的目的，时间一长，会逐渐失去自己的思考能力，沦落为权臣仅为实现其本身目标的工具。

第二，站队后，你的转换成本会变得越来越高。站队的确能带来短期利益，比如年底绩效，又或者升职加薪。但这些都是权臣使用你而支付的成本，这些成本来自企业，他何乐而不为？

但仔细思考，你的获得又主要来自权臣，所以你的前途就会和权臣深度绑定，你想离开权臣就会变得很难，因为一旦离开，前功尽弃。此时，你就只能植根在权臣的左右，而且时间越久，扎根越深。

同时，你的选择也就越来越取决于领导的选择，除非忍痛割舍利益，否则你没有选择的权利。

第三，站队后，一旦依靠的领导出了问题，嫡系更容易遭到清算或被边缘化。不要以为清算只会发生在历史剧中，尽管现代职场更文明，但失败的派系依旧要面对败走离场、走下舞台的结局。

如果我们认同某个领导的价值观，选择追随他，这是心之向往，是来自你内心的选择，这不是站队，是职业生涯中的跟随与学习。在发现领导的价值观与自己的发生冲突时，可以选择拒绝；而如果只是为了利益而选择站队，盲听盲从，这是聪明人误入了陷阱，是把选择权 All in 在权臣身上的赌博，我建议你三思。

第三个启示：投资上，永远不加杠杆

什么是杠杆？杠杆是把借来的钱追加在现有投资的资金上，虽然能提高效率，让你在胜利的平行宇宙中放大收益。但正所谓盈亏同源，在失败的平行宇宙里，也会让损失扩大。

加杠杆不仅相当于 All in，而且还有过之而无不及。巴菲特曾经在股东大会上举过一个例子，如果有一把左轮手枪，可以装1000发子弹，但现在手枪里只有一枚子弹，你只要往自己的脑袋上开上一枪，就能获得100万美元，你开不开枪？

有人会说，当然开，毕竟是100万美元，死亡概率又不高，开了这一枪，很长一段时间都不用再为钱烦恼。巴菲特的选择是，永远都别这么做。因为失败的概率虽然低，可一旦触动扳机，就会搭上性命，这时有再多钱又有什么用？

你可能会觉得，巴菲特是因为已经有了那么多钱，才会如此选择的，那些本身没什么钱的人，就该搏一搏。可是，这种想法其实忽略了人性。

在真实世界中，如果人们刚开始在尝试时就输了，获得了负反馈，这未必是坏事，因为他们可能就此收手。而倘若他们在前几次使用杠杆的过程中品尝到了甜头，这些正反馈就会激励他们的大脑，让他们使用杠杆的行为频频出现。

第1次，第2次，甚至第10次使用杠杆时，获得的都是收益。此时人类心中的贪婪魔鬼会越来越有话语权，当它在你的耳边低语，唆使你，让你忍不住多加一次，再加一次，再加一次……当概率的天平向另一边倾斜时，你就会输掉你的全部本金，甚至身家性命。

巴菲特的挚友查理·芒格说："如果我知道自己将来可能死在哪里，我将永远不会前往。"而加杠杆就是一个可能会死的选择。

第五节　凯利公式:
资源分配的最佳方法

继续讲下注比例。

现在，我们已经知道选择All in很可能会导向更差的平行宇宙。那如何才能通过调整下注比例，从而寻找到一种更有效的资源分配的方法，继而开启出更美好的平行宇宙呢?

答案是:运用凯利公式。

凯利公式是贝尔实验室物理学者约翰·拉里·凯利在香农博士著名的信息论基础上研究出的一个概率论公式。该公式适合运用在独立重复的赌局中，只要该赌局期望净收益为正，凯利公式就能帮助个人实现长期增长率最大化。

凯利公式听起来很神奇，其实一点也不复杂，甚至还有简约之美:$f=(b \times p-q) \div b$，其中f为下注比例，b为赔率，p为胜率，q为输率(输率=1-胜率)。

比如，扔硬币游戏的胜率和输率都为50%，假设赔率是2，则下注比例$f=(2 \times 0.5-0.5) \div 2=0.25$，即每次投入25%的资源，效率可达到最大化。

践行凯利公式的"赌神"

不过，在我们目前所在的平行宇宙中，约翰·拉里·凯利还没运用自己的理论赚到钱时，就于1965年以仅41岁的年龄在曼哈顿的人行道上突发脑出血逝世。

但另一个名叫爱德华·索普的数学家却在学习了凯利公式后，在"21点"这个纸牌游戏中发现了足以战胜庄家的秘密。

"21点"的规则非常简单，玩家会先获得2张牌，接着可以选择继续拿牌或者不拿。其中纸牌2~9分别代表2~9点，10、J、Q、K代表10点，A代表1点或11点。当玩家手中的牌的点数之和越接近21点时，他的牌就越大，可一旦超过了21点，则算作"爆掉"出局。比如，你摸到了A、Q这两张牌，A就可以算作11点，Q为10点，两者之和即10+11=21点，相当于拿到了最大的牌。

索普通过当年算力还较弱的IBM大型电脑推演了"21点"游戏中所有的可能性和概率分布，计算出玩家最高可以获得比庄家高出5%的胜率，若在这种情况下结合凯利公式下注，就能战胜庄家。

当时既没有智能手机方便记牌，也不能明目张胆地拿出小抄做记录。索普到底如何仅凭大脑，就在游戏中快速地计算出胜率呢？答案是：他发明出了一种简易算牌法，叫作"高低分法"。其中纸牌2~6被算作低分牌，桌面上每出掉1张，计1分；7~9为中分牌，每出一张计0分；10、J、Q、K、A为高分牌，每出1张计负1分。当总分越大，表示之前出去的小牌就越多，剩下的牌较大，玩家的胜率也就越高。

索普不仅发明了算牌方法，而且还是一个很讲武德的玩家。他把这套理论通过学术论文的形式公之于众，没想到不仅没有获得赞誉，反而被评论为天真的理论家。

后来，在高胜率区间，索普按照凯利公式计算得出的下注比例下注，成了拉斯维加斯赌场的赌神。不过，最后，索普还是决定将注意力从赌场中收回来，转而投身到相对"更安全"的金融市场中去。

凯利公式的日常运用

凯利公式适用于日常生活中的哪些场景呢？在我看来，主要有以下三种场景。

场景一：投资场景。

根据罗伯特·清崎在《富爸爸穷爸爸》这本畅销书中的定义：

当一个人的被动收入（包括投资收入）大于他的主动收入（多数时候为工资收入）时，他就已经实现了所谓的"财务自由"。

一个已经实现财务自由的人有资格开启无数个平行宇宙，他可以在不想干什么的时候就选择不干什么；还能随时随地炒掉老板，将原本用来工作的时间去各地旅行，或者用来追逐不同的梦想。

但在投资的路上，很多新手很容易在牛市中亏钱，成为"韭菜"，这到底是什么道理呢？

雪球APP创始人方三文曾说，大多数投资者在牛市中亏钱有两个根本原因：

第一，进入市场的时机太晚。总是在牛市中后期看到周围人赚钱了，才开始小额投入，获得正反馈后会投入更多钱。

第二，可以承受波动的能力有限。当市场进入熊市后，一旦账面出现大量亏损，就会由于承受不了浮亏，担心越跌越深，选择赎回离场。

如果用四个字来做简单总结，就是"追涨杀跌"。

事实上，在牛市中，当一个投资新手开始关注到股市有赚钱效应时，指数已经涨起来不少了，这也意味着赔率b可能已经从 2 ~ 3 倍下降至 1 ~ 1.2 倍。而且，随着指数的升高，胜率p也会越来越低，比如从熊市的70% ~ 90%，下降至牛市中的

40% ~ 50%。

此时，当我们把对应的数据（假设赔率b=1.2，胜率p=50%）代入凯利公式$f=(b \times p-q) \div b$后，就会发现：下注比例$f=(1.2 \times 0.5-0.5) \div 1.2 \approx 8.3\%$，即此时只应该保留8.3%左右的仓位进行观察，随时准备撤离。

反观熊市中，股票无人问津、不温不火。拉长时间周期到3 ~ 5年，指数上涨的胜率p高达90% ~ 95%，赔率b也能高达2 ~ 3倍。

此时（假设赔率b=2，胜率p=90%）代入凯利公式$f=(b \times p -q) \div b$，下注比例$f=(2 \times 0.9-0.1) \div 2=85\%$，即熊市中，应该持有85%的股票权益仓位，从而慢慢迎来未来的上涨。

场景二：工作场景。

在工作中，需要你下注的资本不是金钱，而是你的注意力和时间，同时，产出的则是你的劳动所得，以及未来可能的升职加薪。

那么，对于一份工作，我们应该如何来分配我们的注意力和时间资源呢？

先看胜率。在日常工作中，我们把日常事情做好的概率相对还是比较高的，比如是95%；而我们如果工作完成得好，可能获得10%左右的加薪。所以，假设工作中的胜率p为95%，赔率

b 为 1.1。代入凯利公式 $f=(b\times p-q)\div b$，下注比例 $f=(1.1\times0.95-0.05)\div1.1\approx90.45\%$，即每天你应该把 90.45% 的注意力资源用在工作上，以争取来年的加薪。

与此同时，工作中还有一些需要创新的事情，针对这些事情，我们是否也应该投入大量精力呢？

还是先看胜率，新项目想要落地，50% 的成功率已经算很不错了，但新项目带来的收益又往往是巨大的，做成新项目很可能会带来职级的提升，我们假设为 3 倍收益。

代入凯利公式 $f=(b\times p-q)\div b$，下注比率 $f=(3\times0.5-0.5)\div3\approx33\%$，即每天顶多投入 1/3 的精力关心新项目就足矣。毕竟，我们身为职场专业人士，还是需要坚守自己的基本盘。正所谓守正出奇，善战者懂得先求不败，然后再设法谋发展。

场景三：副业场景。

人们之所以要有副业，是为了增加自我复杂性，在主业安稳的情况下，让自己向外求索，获得不一样的可能。但副业的选择很有讲究，在我看来一个好的副业需要符合以下两个条件。

第一，你要真正喜欢做这件事情。尽管副业不同于创业，不需要你经历九死一生，但副业依旧有胜率不高的特点。所以，如果你不是真正喜欢，这件事情就很难坚持。

第二，这件事情需要有较高的赔率。你看，胜率已经不太高了，赔率如果还低，那这件事情就不值得去做。

比如，对我来说，写作就是我在职场外的副业。这件事情的胜率p符合"二八法则"，即约为20%，赔率b可能是5~10倍。代入凯利公式$f=(b \times p-q) \div b$，下注比例$f_1=(5 \times 0.2-0.8) \div 5=4\%$；$f_2=(10 \times 0.2-0.8) \div 10=12\%$。因此，平时我会花4%的时间和精力用来写作，而周末时间则可以达到12%。不过，你别看每天付出的时间很少，长久坚持下去就会收获成果。正所谓，"流水不争先，争的是滔滔不绝"。

针对符合上述两点的优质副业，你可以用日拱一卒的速度持续而有序地推进。这样做，你会一点点地看到自己持续前行后积累下来的成果，更优平行宇宙的裂隙也将会越开越大。

第二章

生命叠加态

第一节 波函数坍缩：
人生中的生命叠加态

《阿甘正传》中有一句经典名言："人生就像一盒巧克力，你永远也不知道下一颗是什么滋味。"

如果说薛定谔的猫只有生与死两种状态，那我们的人生就像阿甘手中的巧克力，以当下为起点，不同的选择可能导向多个不同的方向，获得多种全然不同的体验。

与之相关的一个量子物理现象叫作"波函数坍缩"，它是指当我们使用物理方式进行测量时，微观粒子会随机选择某个单一结果表现出来，即如果我们把波函数比作骰子，当波函数坍缩时，骰子就落地了，我们只能看到某一个呈现出来的结果。

波函数坍缩对于粒子来说仅仅影响其客观状态，但我们人生的坍缩却能实打实地决定我们是否开启了一个更好或更坏的平行宇宙。而到底是更好，还是更坏？起着关键作用的有两个重要因素。

第一个因素：选择权

如果说胜率、赔率、下注比例决定了某一个选项的整体情况，那么选择权就是相比之下更高维度的存在了，它是一种俯视和挑选各类选项的姿态。

比如部门裁员，员工们惶惶不可终日。但如果员工甲早已收到了来自多个其他部门的橄榄枝，邀约他立即转岗，他的选择权就比别人更多，他也更不容易因此而焦虑。

可是，部门裁员意味着公司的整体经营状况呈恶化趋势。今天被裁撤的是A部门，明天可能被裁撤的就是B部门。甲真的能避免被裁掉吗？

反观乙，他从10年前就开始小规模试错基金理财；7年前开始副业经营自媒体账号；5年前开始接受出版社邀约创作出版作品；今年甚至已经有企业愿意付费邀约他前往授课。本次大裁员，尽管乙大概率会被授予"毕业大礼包"（裁员补偿金），但这反而成为乙踏上全新生命旅程的起点。没错，因为乙拥有更多的选择权。

所以，当一个人拥有了选择权，他就有了面对不确定性的底气，拥有开拓新局面的勇气。当面临平行宇宙分裂时，他不仅能沉着面对，甚至还能有所获益。

现在，你已经理解了，当你有了选择权，至少能不败。但关键问题来了，如何才能拥有更多选择权，进入更好的平行宇宙呢？

在我看来，你至少有三件事情可以去做。

第一，学会在"因"上做功课。在关键时刻想要拥有选择权往往并不在"关键时刻"的当下，而是远在关键时刻到来之前。

很多人认为"种一棵树最好的时间是十年前，其次是现在"这一句话是鸡汤。可是，这句话恰恰说出了让人拥有选择权的秘密。所以，无论你计划做什么准备，趁早不趁晚。

第二，找到诸多变化中的不变。什么是不变？亚马逊创始人贝索斯认为，人们对好产品的低价需求是不变的。人们对美好事物的向往是不变的。企业对降本增效的追求也是不变的。除此之外，这个世界还有许多"不变"，而这些"不变"就构成了你的选择权和努力的方向。

比如这本《薛定谔的猫：一切都是思考层次的问题》，它所满足的需求几乎都是人们渴望终身成长的"不变"诉求，而满足该类需求的产品在今后很多年里都可能发挥光和热。因此，当你也能找到可以满足"不变"需求的努力方向，坚持去打磨自己这方面的能力，你的选择权也会变得越来越多。

第三，懂得创造选项。如果你还没来得及"在不变的需求上努力积累"，还有一个补救方法——创造全新选项。

希思兄弟曾经在一本书里描绘过氧气的发现者——化学家约瑟夫·普里斯特利的经历，他曾在家庭财务情况非常糟糕时为自己创造了选项。

当时，普里斯特利作为牧师的年收入为100英镑，你可能觉得这个数字的年薪已经不少了，但普里斯特利有8个孩子需要养育，他还有副业科研项目要进行，所以他一直在骑驴找马，寻找高薪机会。

彼时，谢尔本伯爵刚刚丧偶，正在寻找一个既能育儿，又能与他交流知识的人选，他获悉普里斯特利正在求职，就向他发出一份年薪250英镑的offer（入职邀约）。

普里斯特利对薪酬很满意，但又不想只身前往伦敦，远离家人；而且他还很担心自己与伯爵之间会不会演变成主仆关系；更重要的是，如果沉溺在日常琐碎的孩童教育工作中，是否会影响自己在科学领域开拓的进展。

如果你是普里斯特利，你会怎么做呢？

没错，普里斯特利创造出了第三种选项：他与伯爵协商后签订了协议，年薪变成了150英镑，但即使双方结束了彼此的雇佣关系，这笔钱依然需要持续给付。

最终，普里斯特利为伯爵服务了7年，伯爵也信守承诺，持续履约。普里斯特利的这段经历几乎没有影响到他的科研工作，他不仅创作出了自己的著作，而且还发现了"氧"。

第二个因素：可逆性

选择权让人有更大的掌控感，能让自己有更多的选择。但假如判断失误，选择了错误的道路，会不会从此积重难返，走进一个糟糕的平行宇宙中去呢？

所以，在平行宇宙开启之际，如果你具备了选择权，并且能从中选择一个具有可逆性的选项，就有可能进入更好的平行宇宙。这正是你我可以习得的第二种智慧。

什么是可逆性？它是指一个步骤能进入下一个步骤，并且能够重返原点。

比如，有一段时间短视频很火，很容易赚到钱，于是就有言论认为读书上学不重要，拍短视频、做直播带货更能赚钱。

我们先不说全网数百万短视频主播真正赚到可观收入的有多么凤毛麟角，对于那些本科毕业生，如果他们某段时间职场发展不顺利，给自己几个月的时间去探索全新领域是完全可逆的。如果探索没有结果，他也有较大胜率可以选择回到原来的企业服务，或者重新修改并投递简历，去另一家公司谋职。

　　而如果在读书的年龄选择安逸，认为读书没有用，同时也不去发现和发展适合自己的职业生涯，选择躺平。那么哪怕一开始依靠关系或者运气进入某家企业工作或者依靠拍摄短视频火了一阵，这样的选择仍是一条缺乏可逆性的路径。

　　我再拿自己来举个例子。

　　2009年，我在一家台资企业工作。当时全球刚刚经历金融危机，公司订单不足，领导层决定全员降薪。在机会成本触底时，我做出了一个让家人震惊的决定：辞职创业，寻找人生中的另一种可能性。

　　当时，我发现总共存在两个机会。第一，某宝起步不久，线上流量十分便宜；第二，生日礼品赛道同质化严重，缺少一种能让人眼前一亮的个性化产品。

　　通过摸索和测试，我发现不少某宝用户愿意出资78～168元，购买个性化生日礼品送给好友，同时，满足该需求的产品制作成本又低于20元。于是，一种全新的生日场景中的礼品品类——像书一样的本子，就这样问世了。

　　什么是像书一样的本子呢？

　　用户只需要提供给我一张其朋友的照片、对方的名字、一个书名和一句话或一段金句，我就能很快地通过彼时还没有多少人会使用的PS技术，制作出一张书皮。再以收礼方的半身照为封面，以对方的名字为作者名（比如貂小蝉著），在书脊上印上书名和作者名，在本子的背面写上金句……最终制作成一本优质空白道林纸或复古牛皮纸内胆的本子，包邮寄给用户的好友。

当用户收到了朋友获得礼物的反馈后，主动给了我的小店好评，甚至有人留言：当她的朋友收到本子后，感动得都流泪了。

你可能会问，这个生意似乎还不错，为什么后来不做了呢？答案是，后来某易发现该利基市场，利用平台优势和模板优势抢占了这个原本就不大的市场。

首次创业，最终失败。不过，这是一次躬身入局的体验。这次创业经历让我意识到，创业初期必须要想清楚企业的护城河是什么，怎样才能不让竞品快速地抢占市场。

不过，尽管创业失败了，但就像我们前面说的，这件事情具备可逆性。宣告散伙一周后，我联系了原来关系不错的老领导，又回到了原来的公司和工作岗位。

第二节 对标法则：
没有选择时的最优选择

有一则社会新闻你一定听过。

2021年，"双减"政策后，前一年在胡润品牌榜单排名第41位的新东方跌出排行榜；新东方股价也从最高点199.74美元跌落谷底仅8.4美元，创始人俞敏洪被人们描述为"再次走在了崩溃边缘"。

可是，教育赛道受阻，俞敏洪和新东方就真的走入了一个崩溃解体的平行宇宙了吗？当然不，至少在我们这个平行宇宙里并没有。"双减"一年后，所有的社交平台几乎都被新东方旗下的东方甄选"双语直播带货"刷屏，该账号不仅粉丝快速突破2000万，连同新东方股价也从谷底拉升，上涨3倍不止。

没有选择时的最优选择

回头来看，你觉得新东方从线下教育转型成线上直播带货农产品，这样的转型大不大？当然大，因为但凡教育产业只要有一点点的生存余地，新东方也绝不会做出这样的选择。正如东方甄选主播董宇辉老师曾经在直播间里说过的一段话那样：人总喜欢做自己擅长的事情，这是人类的本能，因为我们需要成就感来作为反馈与激励。

而且，这些反馈与激励又会反过来推动这个人或某个企业，持续去做这件自己擅长的事情。于是，这件事情对企业或个人而言会变得越来越擅长，而且会产生越来越多的反馈与激励，形成增强回路。一如爱吃甜食的人始终忍不住想吃甜食；教育者持续做教育，这是本能。

但当外部环境发生变化时，由于种种原因，原来擅长的事情或路径无法再产生反馈与激励了。此时，人们就不得不选择改变。所以，那些能耐着性子做自己不擅长的事情，开拓新技能、新领域、新方向，并将这些新内容从0到1地做出结果的，才是真正有本事的人。

当然，"新东方又成事了"是我们看到的"果"，我们只有从中获得启示，找到"没有选择时的最优选择"，才能总结出可以借鉴效法的"因"。

事实上，在没有选择时选出胜率与赔率都很高的选择是有迹可循的，我把它总结成以下三步。

第一，找到时代趋势。《孙子兵法》曾经提及的五个字让人醍醐灌顶——道、天、地、将、法。其中的"天、地、将"指的是"天时、地利、人和"，"法"则是策略，而排在最前方的"道"指的正是裹挟时代洪流，涌现与提供大量机会的"时代趋势"。

比如20世纪90年代末，人们需要解决住房问题是趋势，这就有了房地产行业的黄金20年；2010年，移动互联网崛起，人们在移动场景下产生的时间红利是趋势，这才让互联网行业的无数公司赚取了大量红利。到了今天，国内知名短视频平台的DAU（每日用户活跃数）达到了7亿左右，而且还在呈上升势头，这意味着全中国每天有一半人会打开该APP，而且将来还可能更多。因此，找准时代趋势，在趋势中顺势而为，胜率自然更高。

第二，看清与自己拥有相似资源者的成事路径。为什么俞敏洪会挑选直播带货作为转型的方向呢？这在一定程度上借鉴了曾经的新东方老师——罗永浩在直播带货行业中的成功经验。

罗老师是一个标杆案例，他的能力优势是什么？

优势一，有趣有料。罗老师原本在新东方教书时素来就以风趣幽默著称，很多同学都把罗老师的英语课当成相声来听，在寓教于乐中学习到新本领。所以，有趣有料让罗老师及其团队得以吸引无数注意力。

优势二，资源整合。罗老师原本也是一位创始人，其锤子手机曾经在市场上风靡一时。众所周知，手机供应链的复杂程度要比单纯直播带货复杂许多。罗老师既然可以驾驭手机供应链，直播带货的供应链自然也不在话下。

优势三，承接流量。由于罗老师的有趣有料和资源整合能力出众，短视频平台针对头部主播通常都会给予可观的流量。只要头部主播的确有能力承接住流量，使流量使用效率挤进头部阵列，更多的流量倾斜也会纷至沓来。

而纵观罗老师的能力优势，新东方团队是否同样也能迅速组织起类似的团队，使之拥有相似的资源禀赋？答案当然是肯定的。所以，与其说俞敏洪老师从0到1探索出了一条崭新的道路，不如说东方甄选团队借鉴了罗老师的成功经验，深知直播带货是一个正确的方向，只要日拱一卒，功不唐捐。

第三，结合优势做差异化。当然，单纯的模仿只能追赶对手，永远也无法超越对手。因此，任何拥有"后发优势"者一定要结合自己的优势，找到差异化，从自身的特色入手。很显然，东方甄选团队的差异化在于"双语带货"，让用户感觉不仅是在观看购物，也是在学习英语，而且主播渊博的知识底蕴，令人在不知不觉中增加了不少有趣的知识。

个人如何践行对标法则

你可能会认为，个人与企业不同，在面对没有选择的困局时往往只能走老路，很难跳出困境，没法找到并进入一个更好的平行宇宙。

事实上，时代赋予我们的恩泽不仅是我们使用手机的通讯方式、获取资讯的方式、娱乐的方式产生了重大的升级，而且个人比以往任何时代都能更快地填补信息差与认知差，找到践行对标法则的方法。同样，这个过程也可以分为三个步骤。

第一步，往周围看。

时代趋势我们已经相对比较清楚了，但对于个人来说，其中的关键在于，你必须找到若干个你非常认同的对标对象。因为这些对标对象很可能就是另一个平行宇宙中3～5年或5～10年，甚至更久以后的你。

很多时候，人总是倾向于高估自己1年能做成的事情，却往往低估自己10年能达到的成就。这就让我们局限在短视的目光中，不敢去想象自己原来也可以在多年后成为某位知名人士的模样。

我曾经与大多数人一样，也有类似的局限性。直到我在一篇《刘润对话华杉》的文章中，发现这两位大咖都有一个类似的目标——著作等身。此时，我被触动了，也联想起一个自己也能

"著作等身"的画面。这就让我有了一个异常明确的目标，并且给予我充分的动力，让我每天早上5点醒来后，在1小时内必须写完500字以上才动身去上班。

而到目前为止，你正在阅读的《薛定谔的猫：一切都是思考层次的问题》正是我的第8本出版物，离我"著作等身"的目标，还有42本。

所以，当你学会了"往周围看"，找到了你可以去对标的对象后，你也可以从"没有选择"或者"不知道如何选择"的困境中觉醒，"看见"将来的某一天，你在某个平行宇宙中的样子。

第二步，往里面看。

"往里面看"意味着你要去拆解对标对象身上的能力优势。你看到的将不再是对标人物目前所获得的成果、成就，而是他如何获得这些成果、成就的"因"。

比如，刘润老师的能力优势是："极致高效"，即抓紧每一分钟的时间；"思考力"，遇到问题或挑战时，会设法找到问题的本质；"结构化表达"，把思考的结果通过有结构的语言表达出来。

又如华杉老师的心法优势是"近悦远来"，无论做事也好，写文章也罢，把离自己近的人服务好了，这些被服务好的满意用户自然而然会形成口碑效应，对外传播，从而吸引更多有类似需求的人来关注你，阅读你的内容，继而再次形成更好的口碑。

你看，当你把对标人物身上的优势特点拆解出来，你就能通过自我训练的方式，在想要娱乐时提醒自己时间可贵；在忙着下结论时，提醒自己再思考一下——问题背后的本质是不是找到了；写文章的时候，刻意注意内容是否结构化，能不能很容易地让读者厘清其中的脉络；在我周围，受到我影响的人是不是与我共事能获得提升，是否能形成口碑效应，让更多人与我共事、与我协作。

当你能拆解出对标人物的优势特点并刻意训练自己时，你也走上了一条日拱一卒、功不唐捐的道路。

第三步，从做成一小部分开始。

当然，目标很高远，理想很丰满，现实却也的确够骨感。而且一旦你的第一步并没有获得良好的反馈时，放弃践行对标法则是一个经常会出现在脑海里的选项。

因此，正所谓"流水不争先，争的是滔滔不绝"，与其好高骛远，不如聚焦眼下、聚焦本周，甚至只聚焦今天。

比如，对我来说，我不会规定自己每天必须写出一篇3000字的文章，而是写完500字足矣，更早的时候甚至只写100字。对你来说，也一样。因为从做成一小部分开始，同样也能形成一个最小的闭环。而每闭环一次，你就有一次进步。

正如胡适先生说，怕什么真理无穷，进一寸有一寸的欢喜。

第三节　三大误区：
　　阻碍你成长的三种思维

成为更佳版本的自己当然是一件愉悦的事情，但在这之前，尤其是在正准备跨出、还没跨出最初那一小步时，会有三种来自人类底层的思维模式设法阻碍你。这些思维有些曾经在历史上、在人类的生存与繁衍上做过贡献，让我们的基因留传至今。但同样，它们的另一面也将在现代社会成为我们跃迁进更好平行宇宙的阻力。下面，就让我们一个个来做拆解，逐个击溃它们。

误区一：红灯思维

什么是红灯思维？这是一个非常形象的思维模式。我们从小就知道"红灯停，绿灯行"，红灯思维在心理学中又被称为"习惯性防卫"，它是指人们在遇到与自己不一致的观点，或者遇见自己未曾接触过的事物时，第一反应是找理由反驳、拒绝它们。随着我们的年龄渐长，红灯思维对我们的影响越来越大。

为什么红灯思维会作为一种基因的本能被保留下来呢?

请想象你是一个原始人,你和部落里的小伙伴们一起去野外打猎。但本次出征运气非常不好,几天下来,不仅一只野兽也没能捕获,身上随身携带的食物也早在几天前消耗殆尽了。突然,你们在前方一处潮湿的地上发现了许多颜色非常鲜艳的蘑菇。正当一位伙伴想要去采摘食用时,你大脑中的红灯思维起了作用,这促使你立刻大声呵斥,阻止这位伙伴的鲁莽行为。事实上,你刚才的举动帮助他捡回了一条小命⋯⋯

与之相反,另一些缺乏红灯思维的原始人,要么在色彩斑斓的毒蘑菇下殒命,要么在充满新事物的拓荒中丢失了传承基因的资格。

红灯思维在全世界各地都十分普遍,英国作家道格拉斯·亚当斯就曾经有过十分精辟的总结:任何在他出生时就已经有的科技都属于稀松平常;任何在他15~35岁时诞生的科技都是将会改变世界的革命性产物;任何在他35岁之后诞生的科技都违反了自然规律,应该遭到天谴。小孩子的红灯思维未必显现,但成人,尤其是35岁之后的成人,更有可能具有根深蒂固的红灯思维。

可是,近100年来,人类社会已经进入指数级上升的高速变化期,与此同时,现代社会的容错率也更高,人们不会因为做了创新的事情，出现了问题就命丧黄泉。因此，为了更好地适应这个世界更快的变化，更好地投入供需短暂不平衡所产生的风口、红利、小趋势当中，唯有率先克服"红灯思维"，开启"绿灯思维"，我们才能更有机会开启一段全新且可能更美好的平行宇宙。

如果说"红灯思维"是本能，那"绿灯思维"则是本事。它是一种谦逊接纳新事物、接受新观点，通过思考利弊获得最大可能收益的思维模式。但关键的问题来了，如何才能抵制"红灯思维"，践行"绿灯思维"呢？

核心的破解方法有两个。

第一，构建意识觉察。当我们接触到一个新观点、新事物时，我们可以刻意地觉察自己对它们情绪上的抵制。给自己10~15秒钟的时间，观察"抵制念头"的升起并等待它进入平缓状态的过程，不急于表达否定的观点，不急于做出拒绝的动作。待拒绝情绪如潮汐般退却后，再设法从更理性的视角去分析其中的利弊。

第二，分离"我"和"我的观点"。当我们提出一个观点时，我们也同样难以接受来自他人的否定意见。此时，很重要的一件事情是要设法分离"我"和"我的观点"。因为"我的观点"被他人指出漏洞不意味着"我"这个人被否定。相反，他人可能会在此基础上更好地帮助你完善"你的观点"。所以，更好的做法不是立刻陷入"红灯思维"的观点之争、立场之争，而是搞清楚别人"否定"背后的"为什么"。

误区二：合群思维

第二种会成为阻力的思维模式是"合群思维"。合群思维是指一个人为了融入集体，选择放弃自己本该坚持的原则。

比如，学生时代，你原本打算在寝室里读书，但室友邀请你去撸串吃火锅、去网吧通宵打游戏。你原本想要拒绝，但架不住周围人的轮番怂恿。

又如职场饭桌，你本来已经想好滴酒不沾，但周围的同事一个个前来敬酒，甚至领导都给你眼色让你喝完这杯。于是，你只能把心一横，拿起酒杯往嘴边一倒，从此也成为狂欢中的一员。

再拿我自己来说，2009年时，我一直想写一本书，但周围的人十分不看好，纷纷劝我尽早打消这个念头，甚至在某次聚会中，我还成为亲友劝说的对象。类似的经历，不知道你有没有？

然而，合群真的那么重要吗？好吧，回到原始部落，的确重要。因为一个人的力量终究是有限的，很少有人能以人类的单薄肉身战胜丛林中体形庞大的猛兽。人们依靠群体作战，共同战胜了大自然中的各种肉食动物，最终成为这颗蓝色星球的主人。合群，是人类站在食物链顶端的法宝。

但在现代生活和工作场景中，这种同样出自本能的"合群思维"在让人获得"安全感"的同时，也会令人丧失独特性，丢失探索未知的勇气。因此，唯有对"合群思维"保持警惕，你我才可能在群体中保持独立思考的能力。

为了让自己能摆脱合群思维的困扰，以下三个我亲测有效的方法，在这里送给你。

第一，创造独处的空间。人是社会动物，社会动物就免不了受到从众效应（个体在接收信息的过程中，会不自觉地以周围大多数人的意见为准则，并采取跟他们相一致的心理与行为）的影响。因此，与其依靠意志力，不如给自己创造独处的空间。这个独处空间既可以是空间维度的，比如，一个人去咖啡馆阅读；也可以是时间维度的，比如，你也可以和我一样，早晨5点起床写作。当你有了独处的第三空间后，就在行为设计上绕过了合群思维，保住了独立思考与独立行动的能力。

第二，一旦发现自己合错了群，想办法退群。如果你不爱饮酒，但是坠入一个喜爱饭局、劝酒的职场环境；如果你发现自己置身于一个封闭系统，知识更新速度越来越慢。不要犹豫，早做打算，开始设法寻找你想要前往的地方。可是，你担心失败，怎么办？看到岗位描述上的能力模型了吗？找到自我训练的方法，每天付出努力。比如，不会拍摄视频，可以学；不会演讲，可以练；不会后期剪辑，可以尝试着剪。当然，你不一定非要学习短视频相关的技能。掌握任何技能，只要你有热情，愿意花时间，学会的胜率都很高。学成之后，还怕没有办法退群吗？

　　第三，"事以密成，语以泄败"。如果你想做成一件事情（比如写一本书），一定要悄悄地干，一个人都不要说。为什么？因为在你还没做成一件事情时就大肆宣扬，很容易收到负反馈，比如，当别人知道我想写一本书时，就有人告诉我："写书你知道有多难吗？"你还没开始就被泼了一盆冷水，逐渐地，你的心理能量可能就会耗竭，你就会没有动力应对困难，克服挑战。当我2017年开始写书后，我每天清晨悄悄地进行。等到出版上市了5本书后，以前的同学、朋友、亲戚才逐渐地知道。此时，事儿都已经做成了，周围人除了称赞，已经无话可说。

误区三：应该思维

　　第三种会阻碍你的思维是"应该思维"，也就是不设法认识真实世界，反而产生让真实世界臣服于我们头脑中既定规则的念头，且在事与愿违时表现出焦虑、愤怒的情绪，丢失行动力。

比如，在习得胜率、赔率、下注比例等认知之前，很多人认为，既然努力了，就应该有回报，却忽略了客观概率本身。浙江大学心理学者陈海贤老师说，"应该思维"和愿望有一个最根本的区别，就是能不能容忍现实和愿望的不一致。没错，区分愿望和现实，是一个人成熟的标志，也是走出"应该思维"的关键。

我们希望通过了解新事物、制订并践行学习计划，设法开启一段全新的职业生涯，这是愿望；可是能否拿到结果，取决于市场的需求，取决于理想的用人单位的岗位需求，这是现实。愿望与现实有时候能对接起来，这叫运气。但愿望并不经常与现实形成完美对接，我们要有接受暂时没有成事的勇气。

与其用"应该思维"与现实较劲，不如把愿望拆解成马上可以做的事情。如果你想要拍出爆款短视频，就要学习和做好选题策划，争取内容、形式有所创新，接着复盘结果数据，然后再多做几遍。如果你想争取理想的工作，就要多看岗位机会，认真分析岗位需求，接着匹配自身能力模型，然后多做定制简历并投递。

正所谓："因上努力，果上随缘。"如果你已做到了这一点，恭喜你，你已经开始逐步摆脱"应该思维"的困扰，一个崭新的平行宇宙即将开启。

第四节　鲁莽定律:
抓住崭新平行宇宙的契机

阿里巴巴创始人马云曾经说过一句话:"最糟糕的人生,就是夜里思索千条路,一觉醒来走老路。"如果你也有这种情况,不用感觉奇怪,因为这是人类心智中阻止自己进入更好平行宇宙(有时防止自己变成更糟版本)的第四种思维——路径依赖思维。

什么是路径依赖呢?它是指一旦你曾经做过某些选择,就仿佛走上了一条不归路,很容易受到惯性的驱动,一路走下去。比如,很多人毕业后一直在传统行业工作,虽然他们看到了移动互联网的机会,但很少会真正投入进去。

路径依赖是如何影响我们的,大家可以参考我的另一本书《熵增定律》,里面有十分详细的拆解。本节我想重点和你说说如何运用鲁莽定律来克服路径依赖,从而抓住崭新平行世界的契机,让改变发生。

鲁莽定律

鲁莽定律最初是由得到CEO脱不花提出的，脱不花认为，一个人在人生的某些时刻，会遇到一些可能成事的机会，但普通人往往在反复的推演与漫长的纠结中让机会溜走了，当机会变成他人的囊中物时，悔恨的情绪就会产生。而厉害的人，他们当时当刻的胜率可能还不如你，但他们胜在敢想敢干。结果没过多久，事儿居然就被他们干成了。

所以，脱不花就提出了鲁莽定律：做大事者不纠结，遇到机会时，采取鲁莽行动的人反而更容易赢。唯有先干起来，先获得反馈，才更可能一步步地把事情做成。

在我们以往的认知中，我们被告知凡事要"三思而后行"。其实，这在传统的工业时代的确是行得通的。毕竟，无论是置办设备、工业开模，还是选址开店，前期将投入巨大的固定成本。因此，如果行动不够谨慎，很可能会造成大量的财力、物力、人力上的浪费。

但到了移动互联网时代，小趋势、小风口来得越来越快，如果动作稍微慢一些，就可能被别人捷足先登。更重要的是，你的固定成本投入几乎微乎其微。比如，以前你开一家烧烤店，可能要投入5万~10万元的前期成本，但现在只需要1000元保证金就可以在一些电商平台开个虚拟店。而且，如果你是以内容为交付，生产内容付费类的虚拟产品，甚至连保证金都省了。

《学会写作》的作者粥左罗，目前已是知名公众号创始人，他曾经也陷入路径依赖的困局。粥左罗从2015年起就一直梦想做一个由他自己说了算的公众号。但尝试了两次，失败了两次。时间来到2018年前后，已经提出辞职的他面临着截然不同的两个平行宇宙的选择。

选项A：做第三次尝试，但很可能再次失败。

选项B：走老路，重新选择一家新媒体公司，赚取相对稳定的高薪。

虽然粥左罗更倾向于选择选项A，但显然前者的风险更高，胜率更低。他在书里描述，那段时间他甚至经常"失眠到下半夜"。

或许是冥冥之中的安排，2018年，他在朋友圈刷到了脱不花关于鲁莽定律的描述："人生总有很多左右为难的事，如果你在做与不做之间纠结，那么，不要反复推演，立刻去做。莽撞的人反而更容易赢。因为如果不做，这件事就永远是停在脑中的'假想'，由于没有真实的反馈，诱惑会越来越大，最终肯定让你后悔。而去做，就进入了一个尝试、反馈、修正、推进的循环，最终至少有一半的概率能做成，不后悔。"

这段文字仿佛"击中"了粥左罗的灵魂，他读完后，感觉热血沸腾，心里就涌出一个字："干！"

你可能认为，这里面有幸存者偏差，即那些失败的案例已经泯然众人矣。可是，就算是再一次失败了，又有什么关系？而且正是因为粥左罗前两次的失败经历给了他足够多的反馈，让他设法调整第三次尝试时的策略，继而在反复迭代中做成了他一直想要做成的事情。

类似的经历在我的身上同样发生过。

当时，我还在传统制造业的一家工厂上班，由于分管培训计划部，每隔一段时间，都会欢送一位退休同事离开公司。很多次，我的脑海里也会浮现出自己哪天也会被更年轻的同事送别退休的画面。这个场景让我感觉格外恐惧，因为，这就是所谓"一眼能望到头"的平行宇宙。

不得不说，恐惧有时也是一个人的动力来源。在接下来的几年里，我在下面四件事情上，碰巧践行了鲁莽定律，今天回过头来看，几乎就是最正确的选择。

当别人还在犹豫是否要考MBA（工商管理硕士）时，我立刻选择"考"；

当别人还在犹豫是否开一个公众号写作时，我立刻选择"开"；

当别人还在犹豫是否接受出版社邀约写书时，我稍作思考，

选择"写";

当别人还在犹豫是否放弃自己的10年制造业经验，投身互联网怀抱时，我立刻选择"投"。

而且，更奇妙的事情还在后面。我之所以能顺利地拿下心仪的互联网企业offer，是因为有一个MBA校友给我做了内推；而该互联网企业高管之所以想要约我面试，是因为他看到我当时有两本书"待出版"；而最终决定我是否被录取，则是由于我在面试后立刻写了一篇有关面试内容的公众号推文，并请MBA校友转发给该高管，获得了他的认同。

但凡这几个因素缺少一个，我可能依然被锁死在原来的平行宇宙里，继续过"一眼能望到头"的日子。所以，当你面临一个选择时，不用犹豫，践行鲁莽定律，先"干"起来再说。

不断迭代的循环：SAFFC法则

不过，鲁莽定律只是一个开始，与之配套的还有第二步：不断迭代。被迭代的是什么？是胜率。整个过程符合SAFFC法则。

"SAFFC"分别对应以下五个英文词语：

S，Start，开始；

A，Action，行动；

F，Forecast，预测；

F，Feedback，反馈；

C，Correct，修正。

第一步，Start，开始。这意味着你要立刻投身到这件事情中去。而且请注意，千万不要等到明天再做，因为"一觉醒来走老路"是人之常情。你要在最有动力的时候开始，哪怕这个开始最终完成得很差，也比什么都没做要强很多。

第二步，Action，行动。对粥左罗来说，"行动"是立刻写完一篇文章，并且发表在公众号上。对当年的我来说，"行动"是在网上找到报考MBA的院校；是打开Word写上哪怕50个字；还有，在看到网上的公开招聘信息后，马上在好友里寻找谁可以给我做内推。对你来说，也是一样的，当你产生一个强烈的念头，哪怕只是今晚开始跑步、跳绳，都可以毫不犹豫地立刻行动起来。

第三步，Forecast，预测。当你完成了首次行动之后，为什么非要做一次预测呢？直接等待反馈不好吗？不好。因为这是十分重要的一个行为设计。知名产品经理梁宁老师说，伤口是人类身上最敏感的地方。你的预测是首次行动的靶心，而现实的反馈则是行动产生的结果。当你的预测不准确时，靶心与结果之间形成的客观缺口就会给你带来一个"伤口"，而正是这类"伤口"

能再次给你足够的动机，促使你训练自己的专业体感，继而不断找到胜率更高的策略。

比如，很多资深短视频博主都有一项"超能力"，他们能一眼就知道某个短视频能否火。有一次，某位博主道破了其中的玄机：她每次在刷短视频时，都会用右手大拇指遮挡住点赞数，然后先判断这条短视频到底是几千、几万、几十万赞，还是只有几个赞。通过这样的训练，她的大脑就能迅速判断自己拍摄的某个短视频是否可以上热门。如果判断不准确，就会设法做些修改。

第四步，Feedback，反馈。实践是检验真理的唯一标准。行动、预测之后，来自真实世界最终的反馈才是我们唯一的标尺。只有"反馈"这把标尺，才能丈量出我们目前的水平到底如何，才能促使我们进行更好的修正和迭代。

第五步，Correct，修正。有了行动，有了预测，有了反馈，我们接下来就要学会根据反馈做修正了。这也是让我们的水平越来越高，高到让我们拥有足够的胜率设法获得打开更好平行世界的一张门票。

当你从鲁莽定律开始，在某条赛道的闭环中不断练习，终有一天，崭新平行世界的大门将会为你打开，孜孜不倦的你有极大的可能在某个你向往的领域时运亨通。

第五节　导航思维：
选择随时可以修正

　　有时，我们犹豫再三，好不容易选择了其中的一个选项，但当我们进入这个平行宇宙后，发现这似乎不是自己想要的，而现实情况又是不可逆转的，怎么办？

　　大多数人此时都会产生悔恨的情绪：如果当时我没有拒绝这位异性就好了，如果当时我选择了那份工作就好了，如果……可是没有如果。

　　悔恨情绪是人类的本能反应之一，因为它能在客观上帮助我们在很多重复决策的场景中总结出许多宝贵的经验，而这些经验能帮助我们在下次再面临类似选择时"吃一堑，长一智"。但悔恨情绪也会让我们陷入情绪泥淖，而且还会影响当下的判断，甚至让我们频出昏招。

导航思维

　　所以，为了不让自己连续坠入更加糟糕的平行宇宙中，越是不慎选择了错误的选项，就越要设法启动"导航思维"。

什么是导航思维呢？你在行车的途中使用过GPS（全球定位系统）吗？当你不小心驶入了一个错误的道路，导航仪会在现有交通法规的框架下，重新帮你规划以当下为起点的最优路径。没错，遇到这种情况时，重新以当下为出发点，重新冷静思考最优策略的思考方式，就是导航思维。

我的一位读者司小懿（化名）在听说了关于"导航思维"的神奇作用后，也真正地践行了一番。当时，她所在的公司申请上市失败，由于账上资金剩余不多，公司不得不开始裁员。

由于是经历人生第一次被裁，司小懿看到人力资源部的同事给的"$N+1$"方案后，觉得这也算是一笔不错的补偿金，随即当场就签下了她的名字。可事后，当她从其他"有经验"的朋友那里获悉，千万不要接受人力资源部的首次方案，并且得知有同事还通过谈判获得了"$N+1.75$"的方案后，司小懿觉得一阵晕眩，感到十分懊恼。但她马上在脑中按下了"重新导航"的按钮，开启了导航思维。

经过一个晚上的资料收集与思考，司小懿第二天再次约了人力资源部的同事，并陈述了以下事实：

第一，她去年和今年还各有5天假期没有使用；

第二，她在该公司服务了7年，实际上是很有感情的；

第三，她曾经在某次高层会议上做过报告，企业创始人由于对汇报内容很满意，还特地添加了她的联系方式，在会后做了长达1小时的语音沟通。

所以，她主张：虽然前一天已经签订了离职协议，从法律的角度上的确已经无法翻盘，但今天她不是来讲"法"的，而是来谈谈"情"和"理"，她希望公司能念在自己是老员工的情分上，能给她额外"0.5薪"的补偿。

当然，司小懿也有另一手准备，当天是她在公司的最后一天，她已经写好了两段全然不同的内容，准备离开时发送给公司创始人。一段是充满感恩的语言；另一段则是描述上述三条事实，以及倾诉内心情感、感受的文字。具体她发哪一段内容给创始人，司小懿用非常柔和的语气说，这取决于人力资源部同事"最后的决定"。

事实上，司小懿已经有了初步判断，即"0.75薪"的额外补偿很可能是人力资源部门的谈判底线，出于"多一事不如少一事"的考量。所以，哪怕前一天已经签订了离职协议，她依旧有一定的胜率让人力资源部的同事选择满足她的诉求。果然，当天下午，在该同事请示了上级领导后，额外"0.5薪"的申请批复下来了：同意发放。

读者司小懿的这场"绝地反杀式"的离职谈判堪称经典，最难能可贵的是，她把她从阅读中获得的知识内化成了自己的本事，并且在真实世界中真正地运用了起来。虽然"0.5薪"不算多，但几千元也是一笔收入。

启动你的导航思维

从本质上来说，"导航思维"是一种人人都能学会的思维模式。但要开始使用它，你首先要学会放弃沉没成本。

所谓沉没成本，原来是经济学中的一个概念，是指发生在过往，但和当前决策并不相关的费用。比如，很多人都会坚持看完一部电视剧，因为之前已经投入了看完前半部剧的时间成本，觉得如果中间弃剧，就相当于把前面的时间给浪费掉了。许多投资者，如果他们买的两只股票一涨一跌，他们往往会倾向于卖出赚钱的股票，死守正在下跌的那一只，这也是无法放弃沉没成本、不愿意承认失败的心理在作祟。

那如何才能放弃沉没成本呢？华尔街的大佬们提出了一个简单有效的办法——鳄鱼法则，即想象有一只鳄鱼咬住了你的一条腿，如果你下意识地用另一条腿去蹬它，鳄鱼会设法把你蹬它的腿也咬住。所以，此时最佳的策略就是牺牲你最开始被咬住的那条腿。

理解了如何放弃沉没成本，接下来我们就可以通过两种方法来启动导航思维了。

第一种方法：自己按下导航重启按钮，找到更优策略。主要分为三个步骤。

首先，你要有"导航思维"的意识。这是一种元认知，即对认知的认知。当你发现自己已经跌入某个相对糟糕的平行宇宙中时，立刻提醒自己使用鳄鱼法则启动导航思维，不断告诉自己，现在还不是懊恼的时候，而是应该再看看有没有马上再穿越进下一个相对更好的平行宇宙的机会。

其次，思考目标与计算最优路径。司小懿的目标比较清晰：为自己争取离职协议外的"0.5薪"的补偿；路径是罗列3个事实，让人力资源部的同事在"给予底线内的补偿"和"承受有可能被创始人质询的风险"两者之间做选择题。

最后，接受重新导航可能会失败的结果。就像我们之前讲的那样，任何一种策略都是存在胜率的。这就意味着，你的策略可能把事情做成了，比如，司小懿最后得到了额外的"0.5薪"。但也有可能遇到的人力资源部的同事比较情绪化，讨厌被"威胁"，哪怕这仅仅是一个"温柔的威胁"。

第二种方法：导入牛人的导航系统。

这是一种十分有意思且有效的导航思维落地方法，适合用在怎么想都想不明白的场景中。比如，当你在答应了某一份offer（入职邀约）之后又后悔了；或者你在执行了当前直属上司要求你做的某件你并不认同的事情（有时可能违反公司规定）后，如果你选择举报他，你可能会跟他一起被辞退，或者如果你违背自己内心去做这些事，会让你感觉良心不安。

此时，你可以设法选择在大脑中搜索一个你十分敬仰的牛人，想象他如果就是你，在面对这种艰难选择的时候，他可能会怎么做。

导入他人导航系统的方法相当于你借用了某位牛人的价值观（前提是你十分认同），以牛人的价值判断代入你的直觉系统里，从而用最简单但又最有效的方式，帮助你重新设置了一次导航。当你用这种方法在脑海里把目前的情况代入牛人的导航系统中过一遍之后，你所获得的答案将会让你更笃定，你也将有更大的胜率，重新以当下为起点，成为比目前版本更好的自己。

第三章

人生概率论

第一节 理解人生：
妙手、俗手和本手

1846年，日本棋院"四大家"的井上家掌门井上幻庵因硕（八段准名人，持白棋）与17岁天才棋手秀策（四段，持黑棋）对弈。秀策使出独创的得意布局，而幻庵也毫不示弱，祭出了被称为"大斜"的镇山战法。下到中后期，白棋领先，黑棋则全力维持。

观棋者交头接耳，自命不凡者也评头论足、跃跃欲试，不过绝大多数人都认为幻庵必胜。只有一位郎中忽然说道："未必如此，以鄙人之见，恐怕黑棋会胜。"

事后，秀策果然以两目优势获胜。旁人问郎中为何如此神准，郎中说："我虽不懂棋，但对于医道还略知一二。刚才秀策有一子落盘，幻庵神色虽不变，但耳朵忽然泛红，这必定是黑棋弈出妙手，改变战局的一步。"

这一局，在弈棋史上称为"耳赤之局"。

这一步，则被认为是货真价实的"妙手"。

妙手

什么是妙手？妙手是奇招，是神来之笔，也是扭转乾坤、出人意料的精妙举措。妙手，经常能帮助人们拿到美妙的结果。在日常生活中，妙手通常可分为两类，它们分别是：锦鲤的妙手和巴菲特的妙手。

第一，锦鲤的妙手。锦鲤的妙手依靠的是运气。你可能听过一句话：靠运气赚到的钱，会凭实力亏完。锦鲤的妙手就符合这一标准。

由于某段时间运气爆棚，锦鲤的妙手可能会在最初带来丰厚的回报。比如，无意间在某时某刻买入某只股票，而该股票天天涨停，这让"锦鲤"在本次行动中尝到了甜头，赚到了很多钱。但正所谓"命运赠送的礼物，早已在暗中标好了价格"，当"锦鲤"们没能认识到这只是运气使然，而是设法持续地追逐更多利益时，往往会跌大跟头。

知名理财专家洪榕老师就有一个名为"倒金字塔投资"的模型，该模型认为：一般股民都会选择在牛市早期用较少的一笔钱去投资，而在赚到钱、尝到甜头后逐步加码。当牛市即将进入尾声时，大量股民几乎已用尽可以动用的现金，达到了满仓状态。整个过程就仿佛是一个倒立的金字塔一般，即股价越高就投入越多钱加码购买。可是与此同时，越到牛市后期，市场中就越没有增量资金进入市场。于是，随之而来就会大概率出现流动性不足，继而促使整个市场迎来断崖式下跌的局面。而这必将给最初品尝到"锦鲤的妙手"甜头的股民带来灭顶之灾。

第二，巴菲特的妙手。巴菲特和伙伴查理·芒格有一个共识：不去追逐平庸的机会。

这是什么意思呢？美国顶尖棒球选手泰德·威廉姆斯有一个理论，作为一个击打手，他把对方投手抛掷过来的棒球落点，根据空间区域分为77个格子。其中不少格子都是中低胜率、中低赔率的平庸机会，而只有少量的格子才是高胜率、高赔率的绝佳机会。因此，在以上认知框架下，只有当对方投手投过来的球恰好落到了绝佳区域中，威廉姆斯才会击球。

同样，巴菲特和芒格也不会频繁交易。对于平时小幅的涨涨跌跌，两位大佬都把它们归类为平庸机会，而只有当极端情况出现，如市场情绪抵达冰点时，巴菲特才会祭出"妙手"，一击即中，继而赚取丰厚的利润。

芒格曾说过一句话："得到一样东西最好的办法，就是让自己配得上它。"所以，当我们祭出"妙手"时，如果能清醒地认识到，它到底是锦鲤的妙手，还是巴菲特的妙手，且这份"妙手"的背后是否有某一种思想或者算法支撑，我们才可能真正地配得上这份"妙手"。

俗手

妙手的另一面是俗手。它是看上去有利于己方，但从中长期来讲反而更有利于对方的一步。换而言之，俗手是一步"自以为聪明"的行动。

"自以为聪明"是人们经常会犯的错误。你可能听过"邓宁·克鲁格效应"。1995年，麦克阿瑟·惠勒抢劫了匹兹堡银行，他不仅没戴面具，而且走出银行前甚至还对摄像头微笑。当警察很快抓到他后，他表示非常惊讶。他不知从哪里得知柠檬汁可被用作隐形墨水，用它写下的字迹只有加热后才会显影。所以惠勒"自以为聪明"地认为，只要在脸上涂抹柠檬汁并远离热源，他就是"隐形"的。

这件匪夷所思的事件引起了康奈尔大学心理学家大卫·邓宁及助手贾斯汀·克鲁格的注意。这两位学者经过研究发现：能力越差的人往往越会高估自己的水平。同时，他俩还把人们的认知水平归纳为四个阶段。

阶段一，愚昧之巅。很多"自以为聪明"的人都处于该阶段。这是一个"不知道自己不知道"的阶段，因此往往会出"俗手"而不自知，甚至有时还自以为十分高明。比如，当团队中空降领导时，职场上会有少数老资格员工有意无意地给这个领导一个"下马威"。这种卖弄"小聪明"的举动，表面上让周围人觉得自己似乎很威风，但从长期来看，往往容易形成"双输"或者"别人赢自己输"的局面。

阶段二，绝望之谷。之所以"绝望"，是因为认知提升后，发现了自己的许多不足，此时，绝望的情绪油然而生。不过，虽然认识到不足后，会感觉很受伤，但也恰恰因为这份"绝望"，处于"知道自己不知道"阶段中的一部分人，会设法通过学习和训练来提高自己的认知水平，从而向第三阶段迈进。

阶段三，开悟之坡。绝大多数人会选择主动阅读书籍、主动学习，他们都已经走上了开悟之坡。这是一个从"知道自己不知道"走向"知道自己知道"，蝶变进入更好版本平行宇宙的道路。在这条坡道上走得越远的人，获得的知识、经验、智慧也就越多。这些人通过了解他人犯过的错误，厘清其中的利害，悟出问题的本质，因此行事作风会更加成熟，不易做出"俗手"的行动。

阶段四，平稳高原。平稳高原的典型特征是"不知道自己知道"，因为他们已经把很多"知道"内化成了自己的"肌肉记忆"或者"下意识反应"。和阶段四的人相处，他们会给你一种如沐春风的感觉。这些人不会囿于眼下的得失，因为他们已经成为真正的大师。

理解了人类认知的四个阶段，有利于我们在做出某个决定、践行某个行动的时候审视自己：目前的自己到底处于哪个阶段？将要去做的某个行动会不会是一个"俗手"？如果发现自己在某类专项上"知道自己不知道"，是否要开始疯狂地恶补在该领域的学识，从而有策略地成为更佳版本的自己？

本手

本手，在围棋中指合乎棋礼的正规下法。其特点是走这步棋的时候，功用不明显，但若不出这招，需要时又无法补救。换而言之，本手，是基本功。

大家以前都学过《卖油翁》的课文吧？卖油翁将葫芦搁在地上，把一枚铜钱轻轻地放置在葫芦口，然后用油勺舀油注入葫芦里，油从钱孔穿过，仿佛一条线一般注入，而铜钱却未沾上一丁点儿油。最后，卖油翁说出了千古名句：无他，惟手熟尔。

没错，卖油翁的本手是第一种本手：专业的本手。专业的本手是每一个职场人的看家本领，如工程师的工艺能力、医生的诊断与治疗能力、作家的写作能力，这些都是每一个行业从业者赖以生存的专业本手。

但光有专业本手就够了吗？显然不够，因为人与人之间需要协同，才能发挥出更大的效能。所以，我们还需要第二种本手：沟通的本手。

马克思曾说，人是一切社会关系的总和。沟通的本手正是交换信息、传递信任、协调社会关系，让彼此的专业本手得以互补，继而创造更大价值的能力。当一个人在沟通的本手上开始走向开悟之坡，他就有更大的胜率做成更多的事情。

有了专业技术和沟通艺术的本手已经可以拥有不错的人生了，但如果还想要进一步发展，就需要有第三种本手——思考的本手。

思考是思维的一种探索活动。《孙子兵法·形篇》指出："先胜而后求战。"思考的本手就是要在做事情之前先在思维上进行探索，促使在战斗之前先满足胜利条件的一种本领。在这种本领的指引下，个人或团队才不容易走弯路，更容易得到想要的结果。

善弈者，通盘无妙手；善战者，守正而出奇。当每一个聪明人理解了人生的妙手、俗手和本手，知晓孰轻孰重，知悉要从哪个方向发力、如何投入时间精力，或许也会像秀策一样，在守住本手、避免俗手的前提下，偶尔下出妙手，留下我们自己的"耳赤之局"。

第二节　反脆弱：
如何从不确定性中获益

如果说天才棋手秀策通过"耳赤之局"的妙手在历史的长河中留下了"名"，那么尼古拉斯·塔勒布则通过本手与妙手的有机结合，得到了货真价实的"利"。

塔勒布是谁？他不仅是现象级畅销书《黑天鹅》《反脆弱》《随机漫步的傻瓜》《非对称风险》的作者，而且还在1987年美国股灾中悄悄地赚得盆满钵满。2007年，《黑天鹅》出版，塔勒布在书中预言全球性危机正在临近，结果第二年，金融危机如期而至，塔勒布一战成名。

在塔勒布的理论体系中，反脆弱性是普通人对抗风险，甚至在风险的不确定性中获益的法宝。下面，就让我们来一探究竟。

黑天鹅事件

要想理解反脆弱性的精髓，首先要理解什么是黑天鹅事件。

"黑天鹅"一词原指不可能存在的事物。早期欧洲人由于只见过白色的天鹅，因此就认为世界上所有的天鹅都为白色，但当欧洲的大航海舰队踏上澳大利亚时，当地的黑色天鹅打破了人们的固有认知——原来天鹅也可以是黑色的。所以，"黑天鹅"一词，从此开始就约定俗成变成了指代小概率事件的称谓。

黑天鹅事件主要有三大特点。

第一，不可预测性。塔勒布的祖父是黎巴嫩国防部部长，该职位所具备的信息优势理论上可以填补绝大多数的信息差；祖父受过高等教育，处理棘手问题的经验绝非普通老百姓可比，他理应具备更高的认知水平。但在预测黎巴嫩大规模内战这个黑天鹅事件何时会结束一事上，祖父也并不比当地的普通出租车司机准确多少。

同样的道理，新冠疫情是2020年出现在全球的黑天鹅事件，出现前没有人能预测它何时会暴发，出现后也无人知晓其何时才能结束。所以，黑天鹅事件通常很难被准确预测。

你可能会问，那塔勒布是如何在2007年预测次年会发生金融危机的呢？事实上，这次预测极可能是"锦鲤的妙手"，塔勒布知道危机会来，但他也不知道精确的来临时间，只不过塔勒布为此做好了充分的准备，一旦黑天鹅事件爆发，他的准备工作就能让他获得巨大的利益。

第二，黑天鹅事件往往影响重大。一旦黑天鹅事件爆发，不仅影响局部地区，而且还会向整个地区乃至全球蔓延开来。比如，次贷危机出现在美国，但欧洲、亚洲甚至非洲都无法独善其身。

第三，黑天鹅事件在事后具备可解释性，人们对它的重视程度会随之降低。什么叫可解释性？它是指一个黑天鹅事件在发生前、发生中和发生后的不同时期，人们由于获得信息多少的不同，对这件事情的看法和感觉也是完全不同的。事前可能觉得这件事情发生得无缘无故、不可预测，但随着事情的发展和结束，了解的信息越来越多，就能给这件事的发生找出合理的解释了，从而重视程度也会降低。

事物的分类

理解了黑天鹅事件，我们还需要理解黑天鹅事件会如何对不同的事物产生不同的影响。在塔勒布看来，任何事物都能被分为三类。

第一类，脆弱类。脆弱类的事物通常更适应在稳定的环境下生存，这也意味着一旦环境发生巨变，脆弱类的事物马上就会受到巨大的影响。

比如，在2015年前，很多人缺乏风险意识，喜爱通过融资撬动金融杠杆去炒股票。在股市的上升期，如果加5倍杠杆，股价只要上涨5%，投资者的确可以获得5×5%=25%的收益。可到了2015年6月，股市大盘急转直下。大量使用金融杠杆的投资者，比如，先前加了5倍杠杆的投资者，在股价跌去20%的时候，他所有的投资本金都会随着股价的大跌灰飞烟灭。

又如线下餐饮店，在人们以往的认知中，线下餐饮满足的是人们"吃"的需求，"吃"的需求是亘古不变的，因此线下餐饮店理论上不应该属于脆弱类事物。可是，此前新冠疫情防控期间，由于城市居民居家隔离，线下餐饮店如果不设法转型发展小区团购业务，就无法维持收入。

所以，普通个人投资者通过加杠杆炒股，普通线下餐饮店等，都属于脆弱类事物的典型代表。

第二类，强韧类。强韧类的事物不依赖环境，无论环境如何变化，对它的影响都很小。比如银行定期存款，你只要把钱存进银行，只要银行不倒闭（相对来说倒闭的概率极小），到了约定时间，银行就会还本付息。

强韧类的事物虽然能让你获得更具有确定性的收益，但供需平衡的客观规律会让强韧类事物的收益性大大降低。试想，如果银行的定期存款利率高到足以让每个打工人躺在家里都有不错的利息收入，从而过上衣食无忧的生活，还有多少人会继续从事各种工作，建设国家？

第三类，反脆弱类。这是一种需要依靠足够的认知才能发现并驾驭的事物，它在外界环境的波动中不仅不会受到伤害，反而能在波动中获得收益。比如，网格基金交易与基金定投的结合体就属于反脆弱类的投资工具。

只要一个国家是长期向上发展的，代表该国的整体证券市场也必然会随之波动向上。而在这过程中，网格基金交易系统赚取的是波动震荡的钱；基金定投系统赚取的则是一路下行后再次均值回归的钱。这两者组合在一起，只要投资时间拉得足够长，就是一件胜率极高、赔率也很可观的事物。但真正理解两者组合的人少之又少，我们将在后面的章节中再做详细的解读。

三步建立反脆弱系统

既然反脆弱类事物能让人在不确定性中获益，那到底要怎样才能建立一个反脆弱系统呢？主要分为以下三个步骤。

第一，降低你的脆弱性。

你看过电影《罗马假日》吗？你是否曾被女主奥黛丽·赫本的绝世容颜倾倒？奥黛丽·赫本曾被赞誉为"误落凡间的天

使"，也被美国电影学会评为"百年来最伟大的女演员"第3名。可是，1993年1月20日，赫本却由于结肠癌在瑞士病逝，而仅仅2个月之前，她才在美国西奈山医院检查出在腹腔内扩散长达5年之久的癌细胞。大多数结肠癌患者一经发现就是中晚期，这就是脆弱性。

为了降低脆弱性，防患于未然是关键。比如结肠癌，高发年龄为50周岁以上，但从肠道息肉到癌变则通常需要10年左右。因此，赫本如果能在更早之前进行肠镜检查，就能在更早期的时候发现它，解决它。

当然，肠镜检查只是诸多降低脆弱性手段中的一种。唯有了解各类风险，减少自己暴露在致命风险中的概率，才是建立反脆弱系统的关键。

第二，采用杠铃策略。

什么是杠铃策略？杠铃通常两头是负重物，中间是轻巧的金属杠。对个人来说，我们把杠铃的一端比喻成极稳定，另一端比喻为极不稳定。两头的极稳定或极不稳定的情况我们都应当给予充分的注意，而中间平庸的情况则可以选择性忽略。

比如，个人财务管理的资产配置就是典型的杠铃策略，保守而精明的投资者会把相当一部分财产配置在收益较稳定的债券市场，而将少量的资产配置在高风险、高收益的股票市场中。这种方法是不是有些眼熟？没错，杠铃策略正是本手与妙手的结合，与"守正出奇"的思想一脉相承。

第三，主动而理性地试错。

主动而理性地试错是设法增加正面黑天鹅事件发生的概率。就拿我来给你举例说明。大家都知道要写出超级畅销书是小概率事件，但一旦写成，则可能直接使一个人实现被动收入大于主动收入的财务自由状态。因此，我平时会将大部分的时间、精力都投入收入确定而稳定的职场工作中，这是"本手"。但每天早上5—6点的这一小时，我会完全投入有可能给我带来巨大回报的书籍撰写上，以设法让"妙手"发生。

随着一年1~2本书的出版，如果我并未写出超级畅销书，没能赚到太多钱，那至少还有稳定的工资收入可以维持衣食无忧。而一旦某本书幸运地获得市场的垂青，超级畅销，则将可能让我获得巨大的利益回报。

所以，当你也能依样画葫芦构建出自己的反脆弱系统，成为更佳版本的自己就只是时间问题。

第三节　无限游戏：
如何规避做错事

在一个人所有可能的平行宇宙中，有一种平行宇宙是我们万万不想要的，那就是走投无路的平行宇宙。比如，资产清零、亲友绝交、口碑崩塌，等等。

如何避免自己一不小心开启最坏的平行宇宙，坠入走投无路的境地呢？这就需要我们从"有限游戏"的思维中跳脱出来，理解和学会运用"无限游戏"。

有限游戏与无限游戏

什么是有限游戏？什么又是无限游戏呢？

纽约大学教授、《有限与无限的游戏：一个哲学家眼中的竞技世界》的作者詹姆斯·卡斯认为，这个世界上至少有两种游戏，一种称为"有限游戏"，主要以赢为目的，它们有非常明确的起点与终点，有十分明确的规则和边界。比如，下一局象棋、参与一次半程马拉松比赛，或者一个小孩从小学入学到大学毕业，这些都可以认为是有限游戏。

另一种则是无限游戏。和有限游戏有巨大的不同，无限游戏的目的不是胜出，而是一直玩下去，它是以"延续游戏"作为核心诉求，比如工作、婚姻爱情、终身学习，等等。

当然，有限游戏与无限游戏的外延因我们动机的不同，有时也会发生转化。比如，如果你读MBA，不是单纯地为了完成一个为期两年半的学业，而是想要完善自己的知识结构，成为更好的自己，这就是从有限游戏转换为无限游戏的过程。因此，有限游戏往往可以被视为无限游戏的一个子集。

理解了两者的区别，现在让我们回到"最坏平行宇宙"的话题，为什么运用无限游戏的思想，有利于我们避免这种最糟糕的情况呢？

我们来做个假设，你可能会更容易理解。假设你是一个商业产品的负责人，该产品被寄予厚望，可能会完成今年整个公司将近50%的销售额。但最近有人私底下和你反馈，客服部遭到了用户投诉，部分产品存在严重瑕疵。

此时，你面临着以下两种选择。

选择一：继续销售，冲公司业绩。这样，团队和你都可获得一笔丰厚的业绩提成。与此同时，如果运气不好，质量瑕疵会让产品遭到较大面积的投诉，甚至有可能被"3·15"晚会曝光。

选择二：暂停项目，且召回所有存在瑕疵的产品并全额退款，产品自检改善后重启项目。如果这样选择，今年公司的目标很可能就无法完成了。不说丰厚的奖金将随风而去，而且还可能造成巨大损失。但这样做可以为企业树立勇于承担责任的形象，赢得商业信誉，增加消费者对产品的信赖。这对公司以及个人的长远发展都是有利的。

在现实生活中，类似的选择可能会出现，这些都并非易事，面对这种艰难时刻，很少有人不纠结。如果我们学着使用"有限游戏与无限游戏"的视角去审视这些选择，可能就更容易得出正确的结论。

因为在无限游戏的框架下，人们的目标既然是"将游戏延续下去"，就更容易获得"无限思维"的心态。该类心态会倒逼人们去思考：我到底要怎样做，才能让我在10年、20年之后依旧不会因今天的选择而悔恨？

无限游戏心法的两大妙处

无限游戏心法之所以会发挥显著作用，主要是因为以下两个原因。

第一，它能让你在决策时更不容易纠结。

比如，前些年地方实施房屋限购政策，有些"聪明人"开始动起歪念头，想到婚姻登记机构通过"假离婚"的方式钻空子，设法多买一套房。有人的确可能吃到了当时房价持续上涨的红利，增加了家庭总资产；但与此同时，也可能面临不可预知的风险。

事实上，在类似的民事诉讼中，就曾经发生过这样的悲剧。一开始，夫妻俩约定假离婚，并顺利买到了房产。但随后当女方提出复婚时，男方却主张他们在法律层面早就已经结束了婚姻关系，并正在计划与另一位女士筹备婚事。女方咽不下这口气，就向法院提起诉讼。

是男方负心吗？有一定的因素。但更重要的是，一旦两人解除了婚姻契约，在心理层面就没了出轨的包袱，复婚的概率自然也会随之下降。

但倘若时光倒流，当妻子用无限游戏"一直玩下去"的目的来审视假离婚的提议，结论就只有简单的一个字：不！

第二，你能为你的行为建立一套标准。

尤其是在职场上，有的供应商为了行方便或者相关利益者企图与你拉近关系，可能试图用红包、礼物的方式为你们将来的互动埋下种子。

比如，我在联系一位供应商时，对方给我发了一笔666元的微信转账。我看到后立刻退还该转账，并给他留言："我可是签过'廉洁协议'的。"

君子爱财，取之有道。我写书赚取版权收入，我进行资产配置，平均每年获得10%左右的年化收益率，这些都是能"被拍成短视频"，在大众媒体上可以被透明地公开，且没有任何后顾之忧的正当财富渠道。

收取任何灰色收入，短期看好像赚到了一笔小财富，但这种财富"收益有限，风险无限"，是一笔很有可能让人无法"一直把游戏玩下去"的财富。

无限游戏心法的运用场景

无限游戏的运用场景很多，主要分为三类。

第一，关键习惯。

有些习惯虽然看起来不起眼，但却是关键习惯。根据一项调查发现，80%的交通事故与行驶者是否系安全带有关。只不过是一个3秒钟就可以完成的动作，就能大大减少交通事故的发生率。

又如一些人如果工作做不完，就熬夜完成。我不是不提倡努力，而是不提倡没有策略的努力。在我看来，人体仿佛是一个巨大的电池，晚上是马上就要没电、需要睡眠充电的状态；而早晨是人体已经充满100%电量的状态。

所以，与其选择晚上熬夜工作，不如早上早点起床。因为长期熬夜让人更容易感到疲劳、胸闷气短，甚至增加猝死率。

第二，个人财务管理。

随着职场年龄的增加，很多人积累了一些财富，开始着手投资理财，进行个人财务管理。但在做投资时，大多数人总喜欢满仓，又或者总爱进行短线交易，企图通过频繁地进行低买高卖，甚至不惜加杠杆设法抓住某次"机会"。

但理想的丰满总是会与现实的骨感形成鲜明对比，真实的情况是，无论是满仓待涨的心态，还是短线交易的心态，以及盲目"加杠杆"的心态，它们本质上依旧是"有限游戏"中仅仅想要获得眼前"赢"的心态。

当然，你可能会说，个人进行财务管理，不为赢钱，难道是为了做慈善吗？我想说的是，个人财务管理不能只是为了赢一次，做成单次财富上的增长，而是要以"持续增长"甚至"永续增长"为北极星目标，进行长期的投资管理。

这里就牵涉到：如何做好不同市场周期（繁荣、滞胀、萧条、复苏）时不同的资产配置策略？如何进行年度股债再平衡？

为什么买入、卖出时不能"一把梭"（一下子满仓买入），而要循序渐进、有计划地买入或卖出？如何构建自己的财富增长梦之队？这部分内容，在我出版的第6本书《熵减法则》中，安排了整整10个小节给大家讲清楚，让大家知道如何玩好"财富永续增长"这个"无限游戏"。如果你对此感兴趣，可以拿来一读。

第三，为人处世。

你一定听过一句话："凡事留一线，日后好相见。"

比如，从一家企业离职后，有些人会选择在朋友圈吐槽前雇主（或前领导），发泄一直以来压抑已久的情绪；或者和前同事私聊，说："我实在看不惯公司的做法，我先撤了，你好自为之。"

这就是把职场当作"有限游戏"在玩的典型。虽然他可能已经手握offer，或已成功入职下一个单位，但谁能确保自己能100%过试用期呢？而且哪怕过了试用期，以后还会回到原公司也说不准。

因此，习惯玩"有限游戏"的人，虽然发泄了情绪，获得了短暂的情绪价值，但这样的做法实际上是在断自己的后路。而学会"无限游戏"规则的人至少能心平气和地暂时结束这段关系，大家好聚好散。虽然不再朝夕相处，但也可以各自安好。

第四节 人生概率论：
决策的科学与艺术

你听过著名的"三门实验"吗？

假设你参加一个大奖赛，舞台上有三扇门，其中一扇门的背后有大奖——豪华跑车一辆，而另两扇门的背后都只有一只山羊，预示着抽奖失败。

你上台后，选择了其中的1号门。你刚想推门看看有没有中奖，主持人却拦住了你。只见他当着你和观众的面，轻轻地推开了2号门，而2号门的背后，一只山羊缓缓地走出，嘴里还咀嚼着食物。

此时，主持人对你说："你现在有一次机会，可以更改你的选择：你可以去选择3号门，当然，你也可以选择保留1号门。请问，你到底换还是不换呢？"

给你10秒钟的时间考虑。好，我假设你已经思考过了。答案是：换！当然要换！因为此时1号门的中奖概率为1/3，而3号门的中奖概率则是2/3。

咦？这是为什么呢？ 3号门的概率不应该也是1/3吗？

当你选择1号门时，1号门中奖的概率是1/3，这很容易理解，因为这是从三扇门中选择其中的一扇。

1–1/3=2/3。所以，剩下的2号门与3号门，合起来的中奖概率就是2/3。

好，现在主持人出来做了好人好事，他帮你主动地推开了2号门，里面跑出了山羊，宣告2号门失效。这里，关键的一个认知来了：原本2号门与3号门加起来的概率是2/3，而此时，这份2/3的概率就全都"坍缩"到剩下的3号门当中了。

1号门的中奖概率为1/3，而3号门的中奖概率此时则变成了2/3。

"题海战术"的失效

如果你是第一次听说"三门实验"，上述3号门中奖概率变成2/3的说法你一定一时间无法接受。这是很正常的，因为你在阅读本节内容前，可能对这类话题完全不熟悉。

这就好比当你第一次学习驾驶汽车，你也一定会手忙脚乱，不知道自己的脚该往哪里踩，挡位也不清楚要如何调整。这里说的其实是你在某个领域内的胜任力，胜任力决定了你成就一件事情的胜率。但胜任力并非天生的，也不是光靠阅读或听别人讲讲就能习得。胜任力，需要练习。

　　比如，我们少年读书时，经常会采用一种叫作"题海战术"的手段来提升考试的胜任力，就是通过做遍各类题型的方法让自己迅速地获得该学科的经验，并逐步地形成一看到题目就知道出题人到底想要考查什么知识点的能力。再到后来，这门学科的胜任力就会内化成为你自己的做题本领，你在该学科上考高分的胜率就会显著提升。

　　应对学科的方法虽然在一个人的学生时代是有效的，但一旦踏上社会，这套模式就会瞬间失效。这是因为学生时代"语数外物化"的学科考题都是有限游戏中有限范围（教学大纲）内的考核，就算有时可能存在偏题、难题，但只要之前见过类似的题型，也能举一反三。可一旦毕业工作，我们就从有限游戏进入一个无限游戏。在无限游戏中，遇到的事情也更加纷繁复杂。

　　好了，问题来了。现在有限游戏的"题海战术"失效了，那么，在无限游戏中，我们到底要如何才能做对选择呢？

决策的科学

　　当你在无限游戏中遇到崭新问题或低频问题时，首先要记住的，就是"切忌快速下结论、做决策"。

　　比如，2022年的互联网企业经历了一轮裁员潮，对很多人来说，都是生平第一次遇上裁员，属于崭新问题。甲作为本次裁员潮的经历者，原本是某知名互联网公司的产品经理、某项目负责人。眼看甲的工龄就要满3年了，HR却以"迅雷不及掩耳之势"与甲沟通"毕业大礼包"的事宜。

一开始，甲是比较谨慎的，因为他曾经在短视频平台上看到过知识博主们传授"毕业面谈"的要点。但当HR详细地展开"礼包方案"时，甲就不淡定了。由于"礼包"数额丰厚，甲当下就完成了签字。

本以为这是一个不错的结局，但没想到当天晚上的下班路上，与他当年同一天入职的乙却表示：自己今天拒绝了签字，并主张HR以3倍工资补偿尚未使用的年假。而这项主张也仅仅只是一个策略。乙的核心目的有两个：第一，给自己更多的时间思考，看看有没有更优的选择；第二，设法撑过司龄第3年再签字。因为根据相关法律规定，哪怕司龄只是3年零1天，公司若裁员，也应当支付"3.5+1"个月，也就是4.5个月薪水的补偿。

只差仅仅几天，甲却少获得0.5个月的离职补偿，这对月收入2万元以上的产品经理来说，也是一笔不小的数字。

另外，除了搁置问题，给自己更多的思考时间。科学决策的另一个关键是尽可能多地收集与分析历史数据。有句话叫作"历史总是惊人相似，却并非简单重复"，分析历史数据有助于获得更优决策。

比如，在个人财富管理的过程中，当市场很好或者很差时，总会有人跳出来说"这次不一样"。但这次真的会不一样吗？这句话被市场认为是"最昂贵的一句话"，因为听而信之的人要么被"高位套牢"，要么"错失良机"。

决策的艺术

如果说依靠慢思考与历史数据做决策是科学的，那么依靠直觉做决策则是一种艺术。与我们认知中的"快思考"有很大的不同，依靠"直觉"做决策有其合理性。直觉，是一种没有经过推理分析的直观感觉。

直觉思维为什么能带给我们这种能力呢？《直觉泵和其他思考工具》的作者丹尼尔·丹尼特认为，其中的关键是能否把一个问题进行简化，同时又准确无误地保留其中的关键信息。如果能做到这一点，就能登上思考问题的快车道，从而以一种近乎艺术的方式让决策的胜率更高。

当然，直觉思维也是有局限性的，因为一旦离开了具备丰富经验的领域或场所，再想依靠直觉来做决策，我们直觉系统的准确率就和大猩猩扔飞镖选股票的概率没有多少区别了。

第五节 见机择时：
寻找更合适的时机

你可能看过类似的报道。

一篇发表在《国家科学院院刊》上的论文显示，以色列本·古里安大学谢·丹齐格研究团队对8名以色列法官在10个月内的1000余次假释判决进行了跟踪研究。

该研究发现：法官们早上刚上班后，有接近70%的概率会同意假释请求，之后假释率开始滑坡，直至午餐前降到谷底；餐后，假释率再次回升到60%以上，直至晚餐前再次探底；晚餐后，相同的情况再次上演……

丹齐格教授团队经过分析后提出，法官批准的假释率与法官体内的血糖值呈现强相关。

无独有偶，美国的医院里也有一种"七月效应"，即每年7月的医疗事故致死率要比其他月份高出约10%。这主要归因于7月正好是医科毕业生刚上手的时期。

以上两个案例仅仅只是诸多类似情况的缩影，不得不说，在力所能及的情况下进行"择时"，其重要性已经超出了我们的想象。

既然择时如此重要，那么我们到底该如何通过"择时"，来提升成事的胜率呢？本节我将从职场、财富与个人成长三方面来为你展开讲解，分享被验证行之有效的策略供你参考。

职场的择时

职场是大多数人在身体的黄金时期（25～60岁）所花时间最久的地方，职场中的时机把握往往能让人获得意想不到的效果，积小胜为大胜。

第一，入职的时机。

对于应届生来说，入职宜早不宜晚。不少应届生都有想趁毕业前的空当好好玩一玩的心态，这种心态是可以理解的。但与此同时，如果能尽早入职，哪怕一开始仅仅只是实习，也有可能让你在今后漫长的职业生涯道路上从领先一点点到领先许多。

比如，甲入职时间为8月1日，乙入职时间为7月1日。两个人虽然在3个月后先后转正，但1年后公司考虑分配晋升名额时，领导们发现两个人学历相当、业务水平相近，但乙司龄更久一些，于是，当年升职的名额就自然落到了乙头上。

这就是所谓的"早一个月，早一年"。请千万不要小看这一个月，从更长远的目标来看，初期微小的差异很可能会让受益者多出整整一年的管理经验，将来也能更早地跨入职场中层，获得更快的经验值提升速率。显然，如果落后者没有发生太多改变，两人未来拉开差距的可能性也自然越大。

第二，谈加薪的时机。

有人曾提出周三或周四下午提加薪成功率更高的说法，这虽然有一定道理，因为周一、周二忙开会，周五眼看就要休假，注意力比较涣散，但这种方法是"术"的层面，胜率提升的百分比未必很大。

《孙子兵法·势篇》写道："故善战者，求之于势。"在自己创造的有利的形势下谈加薪，才是显著提升加薪胜率更好的时机。

好了，关键问题来了，如何造势？一个反脆弱的杠铃策略是，先主动承担一项新任务（先把机会搞到手），并且设法把事情做成。

为什么要这样啊？因为当你在维持原本工作基本盘的前提下去做一项新任务，倘若新任务没做成，至少基本盘还在，对你的影响并不大。而一旦新任务做出成绩了，你不仅积累了成事的经验，而且项目本身的成功就能成为你的代表作，为你创造有利条件。

此时，哪怕你不主动谈加薪，领导在有资源的时候也会优先想到你。

第三，要资源的时机。

职场目标的达成需要匹配相应的资源，何时申请资源成功率最高呢？职场导师汤君健老师指出，要资源最重要的三个时间窗口分别是目标设定时、布置任务时和项目复盘时。

时机一：目标设定时。通常在领导的心中，目标计划定好的下一步就是匹配相关资源，此时申请资源，就仿佛看一场3D电影需要在放映厅门口领用一副3D眼镜那么自然。但如果项目进行到一半了，你再申请资源，能够申请到资源的概率就大大地降低了。

时机二：布置任务时。布置任务通常是在原计划的基础上增添的任务，虽说添任务未必要添资源，但此时设法申请资源在手依然是合情合理的。比如，领导让你周三前做好活动筹备，那申请经费购买一批畅销书作为奖品发放自然就说得过去。

时机三：项目复盘时。复盘意味着项目阶段性告一段落，通常在复盘时都会提道：接下来有哪件事情是之前没有做，但现在要开始做的。你看，要做一件全新的事情，是不是可以理解为"新任务布置"？此时提出申请资源也是很好的时机。

财富的择时

在职场上好不容易积累了一些财富，如何守住财富？如何进一步让财富持续增值？这也是很多人关心的话题。

除了重要的资产配置外，"择时"是一种能显著实现财富增值的手段。这里有两个关于"择时"的认知，是你在开始财富管理前的应知应会。

认知一：牛市胜率低，熊市胜率高。

看到这里，你心里是不是在想我说反了。当然没说反，因为牛市时，绝大多数可投资标的价格都已经很高了，虽然短期买进去可能还会进一步上涨，但此时上涨的空间十分有限。而且人性中的贪婪很难让你及时止盈，获利了结。反而牛市达到顶点后的断崖式回落会触发你的损失厌恶情绪，让你不愿离场。

更可怕的是，华尔街还有一个经典的"80/50法则"，即80%的股票可能下跌50%，50%的股票可能下跌80%。当你辛辛苦苦从职场上积累下来的血汗钱蒸发了50%~80%后，很多人都会寝食难安，唯有赶紧离开才能让内心平静。于是，牛市入场、熊市离场的人就成为"被割的韭菜"。

反观熊市，市场中到处都是便宜、被低估的资产，均值回归是整个世界的客观规律。遵循客观规律践行财富择时，胜率自然不会太低。

认知二：短期胜率低，长期胜率高。

巴菲特的老师本杰明·格雷厄姆有一句脍炙人口的金句："投资市场短期是投票机，长期是称重机。"

短期的择时意义不大。因为每天都有突发事件，突发事件会干扰投资者情绪，投资者在完全无法预测的情绪中选择买入或者卖出往往都是无效的。任何号称能预测当天或明天涨跌的人不是蠢，就是坏，或者又蠢又坏。

但长期来讲，整个世界经济是持续增长的，而且全球增长中当下增长最显著的国家之一就是中国。如果能在市场低迷的时候，选择有节奏地慢慢买入，等3~5年后牛市来临，平均赚取8%~10%的年化收益并非难事。

当然，要做到"长期"对大多数人来说的确有些困难，正如巴菲特有一次和亚马逊创始人杰夫·贝索斯通话时的断言："大多人不愿意慢慢变富。"

个人成长的择时

职场与财富都是我们生命的组成部分，个人的成长则将贯穿我们的整个生命。

　　在个人成长的过程中，有什么择时方法能给予我们指导？当然有，这个方法叫作"37%法则"。

　　2500年前，有3位学生问他们的老师苏格拉底："怎样才能找到理想的伴侣？"苏格拉底带他们来到一片麦田，让他们从中穿越，不可回头，并在这过程中摘下他们认为最大的一束麦穗。

　　第一位学生很快就摘下了一束他认为最优的选择，但后来又发现许多束都比手上的要大，为此，他很后悔。

　　第二位学生吸取了教训，前期就算看到大麦穗也忍住不摘，结果眼看麦田都要走完了，只能匆匆地取下一束稍大一些的收场。

　　第三位学生很聪明，他将路途一分为三，前三分之一只看不摘，悄悄地记下大小满意的到底有多大；中间三分之一，用来核实自己之前的判断是否准确；最后三分之一，一旦遇到大小满意的，就立刻摘下。

　　第三位学生的做法，就是著名的"麦穗理论"。后来《算法之美》的作者之一布莱恩·克里斯汀指出，分成两段即可，其中第一段为"从0到37%"，只用来观察，不做选择；第二段为"从37%直至结束"，在这段时间中，一旦发现比前面更好的选择，就果断决策，做到"最优停止"，即可获得令人满意的择时效果。

比如，如果你的职业生涯从研究生毕业后的25岁开始，到60岁退休（女性为50岁）结束，那职业生涯的35年（女性为25年）中，其37%的位置大约在37.95岁（女性为34.25岁）。

因此，不少人之所以在成长的路上迷茫，是因为过早地把某一种未必适合自己的工作当作自己的终身职业；又或者一直在各类工作岗位上游移不定，过了37%的点还在观察，始终没有积累下自己的核心硬本领。如此一来，35岁一过，自然很容易焦虑。

所以，假如你还没有抵达37%的时间节点，请继续遍历与试错，尽早发现令自己满意的个人成长方向。如果你已经过了37%的时间节点，那么请从今天开始好好梳理自己，一旦遇到比之前更好的选择，就果断决策。

第四章

找准底层规律

第一节　我是谁：
人生的底层方向

我们经常听到一句话，叫作"过好这一天，就是过好这一生"。一天是一生的缩影，如果每一天的行动都能指向某些特定的方向，为将来的某个愿景积蓄力量，那么路虽远，行则必至；事虽难，做则必成。

这样，问题就来了，成为更佳版本的自己，到底应该指向什么方向呢？

底层的方向

你一定听过所谓的"灵魂三问"：

你是谁？你从哪里来？你要到哪里去？

人们每天上班、下班、加班、赚取收入、购买消费品、玩游戏、刷短视频……这些可能是很多人每天的日常，尽管它们可以显示一个人现在的标签，显示一个人在现实中每天都做了什么，却无法显示这个人未来会成为谁，它过往的痕迹是什么，将来又要到哪里去。

那"灵魂三问"的答案到底是什么呢？

到目前为止，并没有标准答案，不过我可以自己为例，做个解读，供你参考。

我是谁？

我是一个追求"长期有结果，短期有成长"的人。长期，我希望自己能成为一个出版50本书、帮助广大读者成就个人成长，同时也能著作等身的高产作家；短期，我期待自己的每一天都不白活，每天都要有所新知，并且留下看得见摸得着的文字记录。

我从哪里来？

我出身于一个平凡的工薪家庭。父亲2007年罹患肝癌早逝，母亲已尽一切所能培育我完成学业。我相信这是一个不算太好也不算太坏的中等水平开局。因为在我身上既没有网络爽文里的开挂金手指，也没有底层逆袭的传奇故事。

我要到哪里去？

这个问题是和"我是谁"交织在一起的。我看到了未来平行世界中自己的模样，而那个模样将是我的终点。由于该终点的存在，在人生路途中面临各种选择的时候，我就会有清晰的价值判断，从而不费吹灰之力地根据"哪条路能通往终点"来做选择，而非根据其他因素，诸如"哪条路赚钱多"来做选择。

你看，正是因为看清楚了自己将要"成为谁"，目前已经走完了哪些路，正在走哪条路，你才能更笃定你将要前往的方向。

可以说，"我是谁"是"灵魂三问"的核心。

30个画像法

你可能会说："我虽然看你的'灵魂三问'是清晰的，但我对自己的'灵魂三问'则很模糊。我应该如何清晰化自己的'灵魂三问'呢？"

一个被验证行之有效的方法，是使用"30个画像法"。

该方法共分为三步。

第一步，罗列画像。给自己安排一个不被打扰的2小时，找一张白纸，或者打开一个空白文档，将出现在你脑海里所有关于"我是谁"的画像都罗列下来。想象自己已经80岁了，你现在是在"回忆过去"。

尽可能罗列30个可能的画像。为什么是30个呢？这是为了帮助你挖掘出埋藏在心底的愿望，这些愿望可能被日常的凡尘琐事所覆盖，只有通过向下深挖才能重新把它们找回来。

在此过程中，不用担心想成为"我是谁"会不会很困难，这个步骤只探讨"必要性"。另外，请注意，这里的画像不一定非要对标某个具体的人（比如巴菲特、乔布斯），你也可以将来能做成某些具体的事情为准。比如，成为一个美食领域的专家、一个科技前沿评论员或足球评论员，等等。

第二步，开始做减法。把30个画像中令你感到有疑虑的画像一一剔除，最终只留下3个画像。这是一个做完加法后再做减法的痛苦步骤，但当你走完这个艰苦的步骤后，它会帮助你节省精力，并让你在下一个步骤中发现意义。

第三步，发现或赋予意义。在剩余3个画像的后面，写上你为什么要成为该画像的原因。比如，"我为什么想要成为一个能出版50本书的作家呢？"

首先，从心理上，他人能在阅读50本书的过程中，收获有效成长的策略和成为更好自己的力量，这会让我产生一种与世界连接的成就感。

其次，这50本书也将是我在这个世界上存在过的痕迹，是让一个普通人也能变得不那么普通的证据。

最后，从现实意义上来讲，根据"二八法则"，50本书中可能会有10本是小爆款，10本小爆款中可能又有2本是大爆款。当爆款书籍出现后，它能进一步让我在财务上摆脱来自现实世界的约束和牵绊，实现"不想干什么时就不干什么"的财务自由、精神自由和社交自由。

你看，这是一件"一分投入，三重产出"的事情，而且写作这件事情我也喜欢和擅长。正是因为这份意义感的存在，确保我每天都能为了想要成为"我是谁"而投入时间和精力。

速度与质量

明确了"灵魂三问"后，接下来就是构建每一天的过程了。我把它抽象为"速度"与"质量"两方面。

从速度上来说，我推崇"结硬寨，打呆仗"。

"结硬寨，打呆仗"是曾国藩带领湘军打胜仗的关键要领。"结硬寨"是指湘军每到一个新战场后立刻扎营，无论寒暑，都要修墙挖壕，哪怕有任何战机都不为所动，是一项基本操作。"打呆仗"则是湘军如遇攻城战会选择不直接开打，而是就地挖壕，每驻扎一天就挖一天，直到在城墙之外挖个"外环"出来，阻隔联通，切断补给，拖死敌人。

在我看来，要把"结硬寨，打呆仗"六字真言迁移到个人成长也非常简单，归纳起来为九个字：固定时间做固定的事。比如，我每天起床后，早上5—6点是固定的写作时间，至少写完500字后去上班，有时灵感降临也能一口气写上1500字甚至2000

字。这就和挖壕一样，每天只要挖一点，日拱一卒，偶尔猛进，从不暂停。一段时间下来收到的成果就会很可观。

从质量上讲，我提倡"先有后优"。

一开始质量差一点是很正常的，但随着练习次数的提升，你就能逐步掌握"卖油翁的本手"，这个时候就要开始对自己有所要求了。

腾讯原副总裁吴军老师曾经说，区分一个人专业和业余的区别就是，是否愿意花工夫去寻找更好的答案，而不是交差了事。这点我是深有体会的。比如，我在写作时，经常会查阅各种资料，写下的内容不仅要符合事实，而且还必须查看是否有更新的心理学或科学实验论述覆盖了之前的结论。写完之后隔上一天，还要拿出来再次审阅修改。

在这个不断优化质量的过程中，无论你走的是哪条路，都能在这个专业领域中不断地形成自己的知识体系，并且还可以将这套知识体系与现实问题融会贯通，从而设法解决未知的问题，真正地成为你心中笃定的那个"我是谁"。

增强飞轮

"结硬寨，打呆仗"是每天的"努力"，"努力"只有再配上

"策略"，才能让我们安装上"增强飞轮"系统，从而实现所谓"有策略地成为更好的自己"。

"增强飞轮"最早出自管理大师吉姆·柯林斯的"飞轮效应"。在"增强飞轮"系统中，要素与要素之间会互为因果，产生"因增强果，果又反过来增强因"的美妙结果。

比如，我在2008年哼哧哼哧地写完一本不到10万字的书稿后，没有任何出版社愿意出版。直到2016年重新提笔写公众号发文，才开始收到出版社的邀约，完成了第一本作品。

尽管这本书写得很一般，销量也不高。但在此过程中，它帮助我系统地磨炼了自己的写作水平，同时还降低了后续出版社与我对接的信任成本，相当于在整个"增强飞轮"系统中注入了第一次推力。

而当我有了第一本作品后，我在公众号推文的末尾向读者介绍自己时，会带上自己是这本《博弈心理学》的作者，随着时间的推移就会吸引更多出版社编辑主动地邀请我写书。

如此往复，就形成了"写书—提高写作水平—形成代表作—吸引更多优秀编辑邀约—写书"的"增强飞轮"。原本惆怅写完没出版社愿意出版的困境瞬间被打破，一本接一本的邀请协议纷至沓来，也让我的写作水平获得磨炼与提升。

同样，我观察到许多短视频博主也有类似的"增强飞轮"：

拍短视频—收到广告主邀约—提高拍摄水平—形成更多代表作—吸引更多广告主邀约—拍摄更多高水平短视频。类似的"增强飞轮"可以迁移到许多领域。

所以，当你在成为更佳版本的自己的道路上，探索出自己独特的"增强飞轮"时，你也能构建起自己的进化系统。而当你每一天的努力都能推动整个系统往前进一点，你就离你人生中期望要成为的那个"我是谁"更近一点。

第二节　积分效应：
　　　平行宇宙的跃迁法则

很多已经开始走上自我蝶变之路的人可能会有些困惑，比如，我明明已经坚持推动我的"增强飞轮"一段时间了，为什么还是没见到成效？再这样没有反馈，我又要没有动力前进了，怎么办？

要解决这个"怎么办"的问题，你先要理解努力与成果之间联系的本质，这个本质叫作"积分效应"。

积分效应

什么是积分效应？你学过《高等数学》里的微积分吗？先别头痛，因为它是帮助我们在平行宇宙间穿梭跃迁的基本法则。怎么来理解呢？先让我们共同进入一段回忆。

请回忆你第一次坐飞机时的情景。飞机机舱里坐满了人，你在座位上牢牢地系紧了安全带，但还是惴惴不安。因为你有些担心，这架飞机是否真的能飞起来，飞起来后又是否能一路安全抵达目的地。

随着乘务员的安全提示，飞机已经开始加速了，但你却发觉好像和坐普通汽车没什么两样，顶多就是开得更快一点，推背感更强一点。正当你担心飞机是否会一头撞上机场外侧围墙的时候，你感到座位开始向后慢慢倾斜，转头往窗外一看，地面已经离你越来越遥远，你第一次以翱翔的视野俯瞰这个城市的风景。

好，现在让我们回来。飞机从启动到起飞，一共经历了两个阶段。

第一阶段：飞机从静止状态跃迁到位移状态。

第二阶段：飞机从陆地位移跃迁到空中位移。

第一阶段，当飞机从静止到发生位移，是由于燃油燃烧给予了动能，让飞机获得了加速度（这也是你在座位上感受到推背感的原因），它让飞机如同普通汽车一样在起飞跑道上疾驰。而第二阶段从地面位移到空中，则是由于飞机行驶的速度抵达起飞临界点，这才让这架庞然大物产生的升力大于自身的重力，拥抱整个天空。

抽象地来厘清整个过程：飞机之所以能动起来，是因为速度经历了动能的累积；飞机之所以会有汽车奔跑的速度，则是因为加速度经历了时间的累积；同样，当加速度的累积到达一定水平，即飞机移动速度抵达某个阈值，此时机翼下方压强减去机翼上方压强所产生的升力就大于飞机自身的重力，整架飞机就飞起来了。

所以，从微积分的视角，我们不难得出这样的结论：位移对时间的一阶导数是速度（行动），速度对时间的一阶导数是加速度（努力）；而只有当速度（行动）达到一定水平，你才能看到"飞起来"的效果（成效）。任何变化的发生，都须建立在前一阶要素足够的积累之上，这就是积分效应。

理解了积分效应，你就获得了一种全新的视角，它能帮助你在审视自己的努力与成效之间，多拥有一份淡定。

比如，你不再因为偶尔加了几次班，就立刻期待得到领导的赏识；也不会由于才坚持读了几本书，就马上希望自己的内涵能有质的飞跃。这种正常化努力的认知就好比你今天已经坐了不下几十次飞机，不会再担心飞机到底能不能起飞了。

可以说，当你充分地理解了积分效应，你从此刻开始就拥有了"慢慢变强"的定力。

慢慢变富

慢慢变强往往是线性的，但慢慢变富则通常是非线性的。

比如，你每个月省吃俭用，能存下5000元，一年6万元，20年就是120万元。可是，哪怕只按照2%的通货膨胀率来计算，20年后的购买力也就只剩下现在的约67%（$1/1.02^{20} \approx 67\%$），即相当于如今80.4万元的购买力；如按3%的通胀率计算，则剩余购买力更少，只有约55%（$1/1.03^{20} \approx 55\%$），即相当于如今66万元的购买力。所以，如果你不具备一定的财务认知，则好不容易赚来的钱也会由于认知的关系，逐渐离你远去。

但财务的认知光靠理论输入是不够的，你还需要更多的训练，以及训练之后获得的真实体感与反思来进行持续提升。因此，如果你还从来没有进行过投资，建议你尽快拿一笔很小的资金（比如5000元）去做投资，从而真实地体验暴涨时的激励、急跌时的恐惧、平庸行情时忍不住想去交易的情绪。

只要你不是天纵奇才，一开始的结果往往亏多赢少。但是没有关系，当你通过践行与复盘，把不该犯的错误全都犯过一遍，用真金白银穿越过两次牛熊周期，你就基本建立起了正确的投资素养。它会帮助你在熊市的过程中越跌越买，越买越跌，多次且小额地进行长周期布局；也会在牛市的上涨中促使你越涨越卖，越卖越涨，同样在多次小额但更紧密的撤离中保住胜利果实，等待下一次熊市的入场机会。

以上这些说起来容易，做起来并不简单。而如何真正地做到有知有行，就看你通过积分效应积攒的功力是否足够深厚到已经可以让你平静地笑看庭前花开花落、天边云卷云舒，让你做到有勇亦有谋，进退有节奏。

跃迁三配

理解了积分效应作用于慢慢变强和慢慢变富的原理，接下来要如何践行呢？我建议的路径是跃迁三配，即生活低配、身体高配、灵魂顶配。

第一，生活低配。

为什么要生活低配呢？

经济学中有个概念叫"边际效益递减"，生活中物质享受产生的多巴胺本质上趋于昙花一现。比如，你可以回忆一下曾经让你心心念念的奢侈物件，哪件不是拥有了3个月后就不再依恋？

所以，当我们在说"生活低配"时，其实我们说的是许多富人财务自由路上的生活方式。比如，85岁后的巴菲特，他的早餐一般都不超过4美元，甚至他的钱包里还时常夹着麦当劳的优惠券。虽然巴菲特不靠艰苦朴素赚钱，但低配的生活阻碍不了他跳着踢踏舞去上班，阳光下仿佛仍旧是一个翩翩少年。在生活低配的框架下，你每个月可以积攒下更多的钱，这些钱既可以用来购买更多学习资料，让你慢慢变强；也可以在建立投资素养后，增加你的投资本金，助推慢慢变富。

第二，身体高配。

这个就很好理解了。培根曾说："健康的身体是灵魂的楼梯，病弱的身体则是灵魂的禁闭。"焦虑的人，总是透支身体拼尽全力，只有他人猝死的新闻才能触发他们的反思，让他们停止熬夜、减少饮酒、锻炼身体。

身体高配，意味着摆脱内卷，对加班说"不"，坚定不移；身体高配，意味着拒绝酒桌文化，对敬来的酒仅仅回以淡淡的笑意；身体高配，还意味着用更多的时间增强体质，用更多的思考来告别低效努力。

微软前执行副总裁陆奇，每天早上4点起床，跑步4千米，奉行长期主义，拥有常人难以企及的意志力。拥有好的身体，把你的灵魂安放进良质的容器；拥有更多的时间，让平均每年10%年化收益率的雪球在更长的坡道上越滚越大。

第三，灵魂顶配。

在你变强变富的过程中，同样可以同步追寻生命的意义。生命的意义是什么？电影《寻梦环游记》里说："去世并不是真正的离去，被所有人遗忘才是灵魂真正的死亡。"

苏格拉底，饮下毒酒；李白、杜甫，荡气回肠；巴尔扎克，博采众长。为什么他们不会被遗忘？而历朝历代上品的达官贵人，却鲜有人能令人记忆深刻。

答案是，顶配的灵魂懂得创造，留下的故事、文章至今余音绕梁。每个人都能创造，每个人通过积分效应慢慢变强，今后必有一技之长。把你的所长变成你的代表作，打磨它们，使之百炼成钢。

而且，就像《瓦尔登湖》里说的那样："当你实现梦想的时候，关键并不是你得到了什么，而是在追求的过程中，你变成了什么样的人。"

第三节　成长算法：
三个原则让你持续跃迁

向上穿越平行世界不是一朝之功，要跑好这场长途马拉松也需要某些高胜率算法。接下来，我会向你介绍三个向上成长的原则，它们都是根据我获得的认知、自己的经历和犯过的错误总结梳理而成。是如今39岁的我迫切想要分享给29岁的我的锦囊。本节我把它赠送给你，希望你也能从中获得启示。

原则一：职场高频挪移

你的身边有年纪不大，但已身居经理、总监乃至副总经理高位的人吗？如果你观察他们向上成长的轨迹，就会发现这些人几乎每隔一段时间就会挪动一下位置。

这里面其实包含着不为人知的高手秘诀：高频挪移。

什么是高频挪移？理解这个概念之前，我们不妨先来举个例子。比如，你有一本《新华字典》，你想用这本《新华字典》和别人交换两本《新华字典》，请问你可能做到吗？

是的，几乎不可能做到，对吧？

但如果你拿一本《新华字典》去和别人交换一杯咖啡呢？然后再用这杯咖啡去交换一次与作家交流的机会，接着用一次与作家交流的机会去交换两本《新华字典》，这样的事情可能发生吗？

是的，这样的事情发生的概率将大大增加。为什么呢？因为每个人在做交换时的偏好是不一样的，尤其在一些价值模糊、不同品类事物进行价值交换时，交换双方都会认为自己在本次交易中获得了超额收益。

但如果在同品类事物之间交换，显而易见，不同数量的同品类事物间的交换会显得非常不合理。现在我们已经建立起了关于交换的基本认知，接下来就让我们带着这份认知一起回到"高频挪移"的话题：到底什么是高频挪移？

所谓高频挪移，它是指你不能一根筋干到底，期望能通过自己老黄牛般的努力，在自己原本的岗位上升职：助理升专员，专员升主管，主管升经理，经理升总监……

当然，你可能会说，有时候会存在贵人提携的可能性。

但撇开贵人因素，这样一条道走到黑的本质，实际上就相当于你企图在用一本字典去交换别人的两本字典。这种同品类事物的交换，其价值背后的逻辑十分清晰。这就非常不利于让交换发生。

而高手的秘诀是，如果你在一个事业稳定的部门做主管，不妨去刚开始增长的部门担任业务线负责人。一段时间后，你可能带着业务线负责人的经验，再挪移到一家规模稍小的企业做副总经理。如果在此期间做出了成绩，有了你自己的代表作，就又可能被知名公司邀请，承担总监甚至副总经理的角色。

同样两个人，一个可能还在原公司做主管，而另一人已经当上了副总经理。

没错，这就是高频挪移的本质，是高手避而不谈的秘诀，也是为什么有些人离职后，去外面转了一圈，回来后升职又加薪的原因。

正所谓"树挪死，人挪活"。当你拥有了这种高频挪移的能力，就可能在职场上获得曲折前进但持续向上发展的轨迹。

原则二："践行32千米"法则

上学的时候，我们学过中国地理，中国最西南的县是陇川，中国最北边的城市是漠河，两者相距5000多千米。从陇川驾车去漠河，不停不歇，需要2天16小时。

同样，美国也有这么一条从西海岸圣地亚哥南通往东北角缅因州的最长之路，长达4500多千米，驾车不停行驶，也要2天10小时。

《基业长青》的作者，管理与创业教父吉姆·柯林斯曾经安排三组人通过步行来行走这条美国的最长之路。

第一组：规定天气好时，必须前进80千米；天气不好时，原地待命。

第二组：可以自己规划行进计划。这些人对自己高标准、严要求，刚性规定必须日行80千米，这样计算下来，60多天可以走完。

第三组：无论天气好坏，只走32千米。

你猜第几组会率先走完全程？结果出乎所有人的意料，是第三组。

柯林斯事后通过调查、访谈发现：

第一组的前进速度受天气因素的牵制很大，而且越到后期，队员们就越容易降低"属于坏天气"的标准；

第二组刚开始时简直就是一支急行军队伍，但团队很快就疲劳，没多久就变成"三天打鱼，两天晒网"的状态了；

第三组，虽然行进速度慢，但正因为慢，反而让人更容易坚持，结果团队花了5个多月的时间，成为第一支到达终点的队伍。

所以，慢慢来，比较快。

同样的事情也发生在很多名人身上。

比如，《挪威的森林》的作者村上春树，截至2022年8月，村上春树已经著有42本图书，他持续输出优质作品的秘诀是什么呢？

答案是：村上春树给自己定了一个规则，每天仅写完10张稿纸，每张400字，少一张不行，多一张也不行。你看，这是不是和柯林斯实验中的第三组，每天规定只行走32千米的约定如出一辙？

哲学大师伊曼努尔·康德以《纯粹理性批判》《实践理性批判》和《判断力批判》（合称"三大批判"）闻名于世，他在规律工作上更是做到了极致。

第一，7：00—12：45，规律讲课或写作。除了讲课，康德的"三大批判"系列几乎都在该时间段内完成。

第二，15：30—19：00，规律散步。康德会准时从家里出发，去朋友家聊天。甚至有人戏称，柯尼斯堡大街上的路人会互相询问是否已经到了晚上7点，接着就有人回答："应该还没有，因为康德先生还没有经过这里。"康德每天来回经过的这条路线也被后世称为"哲学家之路"。

第三，19：00—22：00，规律阅读。哲学大师也需要站在别人的肩膀上俯瞰世界，通过阅读书籍摄入精神食粮。

当然，康德是把规律地前进践行到极致的人，我们在最初设法践行32千米法则时，不妨先把目标定得低一点，因为关键不是每天做了多少，而是养成践行的习惯，持续行动。讲到底，还是那句话："流水不争先，争的是滔滔不绝。"

原则三：尽早拥有黄金圈思维

前两个原则讲的是做什么和怎么做，但比这两个原则更重要的是为什么。"Why-How-What"（为什么—怎么做—做什么）三者拼接在一起就形成了"黄金圈思维"。

你为什么要尽早拥有黄金圈思维呢？

首先，黄金圈思维能帮你避免不必要的精力和时间投入，可以让你在决定做某件事情前先停下来审视一下：你为什么要去做这件事情。

国内知名商业顾问刘润老师就曾说，关键不是如何从17分钟省出17秒，而是这17分钟值不值得做，以及如何用17分钟省出17小时。

其次，黄金圈思维还能让你在琐碎的生活中找到牵引你、给你持续动力的内在动机。比如，下面这个案例就曾让我印象深刻。

某位美国学生曾凭借篮球技艺获得了大学奖学金，却因吸毒和酗酒半途辍学，自毁前程。后来，他只能在一家酒吧上班，其间依旧与酒精、毒品为伴，甚至还想过要了结自己的生命。

某个晚上，他遇到了人生的转机。他在开车回家路上，偶然瞥见一个小女孩在路边卖汽水。以前他也看到过这位小女孩却从未停留，但这次某股神秘力量让他靠边停了车。

他向小女孩要了一瓶汽水，25美分。当小姑娘去店里拿汽水的工夫，他突发奇想，把汽车储物器里的所有硬币全都掏了出来，这是在酒吧工作时攒下的小费，总共40美元左右。

小姑娘回来后，他一把一把地抓起硬币放进她的小手，每放一把，他都能看到小姑娘脸上流露出喜悦的神情。

这次经历让他感觉"有一股幸福奇妙的情绪溢满胸膛，甚至让他流出了眼泪"。这是他人生首次感觉到自己的重要性，这是一种为他人做了什么之后升腾起的幸福感，让他知道自己"为什么"而活。

你知道自己"为什么"而活吗？

可能你现在心里未必有答案，又或者该答案模模糊糊，说不清楚。我也深刻思考过这个问题，我也曾问自己，除了著作等身的成就感，我为什么非要写"50本书"呢？

思考了很久，一个答案逐渐清晰。

因为这50本书都会指向一个地方：成长。

无论是内在心理的成长、职场沟通的成长、家庭育儿的成长、投资理财的成长、商业战略的成长还是健康养生的成长，我都希望结合自己的特长"阅读、思考、体悟、总结"，并热爱"分享、传播、交流"，再通过写作的方式，把这些关于成长的方向与有效的策略变成一本本书，让有缘通过书相识的读者都能像小女孩一把一把接收到硬币一样，内心平静、欢喜。

每个人都有自己"为什么"而活的答案。

我找到了，希望我也能帮助你找到。

第四节　结构化配置：
构建你的自我复杂性

持续跃迁成为更佳版本的自己的道路一定不会是一帆风顺的，我们虽然在走上坡路，但在这过程中必然会遭遇波动。波动往往会引起焦虑，焦虑又可能会影响行动，行动力变差则可能会让事情往糟糕的方向发展，而糟糕的结果又可能引发更多的焦虑。

有效避免这种负向增强回路发生的根本办法之一是设法平抑波动，而平抑波动则需要依靠结构化配置。

结构化配置

什么是结构化配置？在开始讲述结构化配置的定义之前，我们先来设想一个场景。

假设你在某个海岛上经营着一家度假酒店，每当晴空万里、风和日丽的时候，你的酒店就会吸引游客，日利润可以达到50

万元；但如果阴雨连绵，酒店广场就会门可罗雀，不仅赚不了钱，反而还要亏损40万元。因此，虽然你经营的是服务业，但仍然和以前的农民别无二致，靠天吃饭。哪怕天还没下雨，只是阴云密布，都会让你非常焦虑。

假设你经营一家雨伞公司。只要狂风暴雨或阴雨连绵，你的日利润就可达到50万元；但倘若晴空万里、风和日丽，排长队购买雨伞的游客们就会消失，你不仅一无所获，反而因营销费用、人员成本等，还要亏损40万元。所以，尽管你经营的是制造业，但仍旧和以前的农民别无二致，靠天吃饭。哪怕降雨量开始变小，也会令你非常焦虑。

聪明的你看到这里一定会说，如果两个角色交换股份，彼此各持有50%的股份，那么无论刮风下雨，还是晴空万里，都能在亏损20万元的同时，赚取25万元，即日净利可以稳定在25万元−20万元=5万元，获得稳稳的幸福。

以上情景并非柏拉图式的理想国，而是一种结构化配置的理念，即通过拥有结构化的自我复杂性，让个体自我面的数量放大，从而刻意提高结构化的自我复杂程度。就像我们在之前的章节中讲的，自我复杂程度越高的人就好比一张桌子拥有多条桌腿，哪怕某一条暂时受损，也会因为有其他桌腿的存在，让整体桌面更稳固。

更稳固的桌面平抑了你的情绪，让你拥有更多的掌控感与安全感，在这种掌控感与安全感的作用下，你就不太容易陷入焦虑，从而拥有稳定的心理能量，并把它们运用在更需要的地方。

构建结构化配置的心法与技法

在构建结构化配置的过程中，以下心法和技法能有效地帮助你，接下来我们进行详细的拆解。

心法：对冲法则。

对冲原本是金融学中的概念，它是指同时进行两笔行情相关、方向相反、数量相当、盈亏相抵的交易。比如，航空公司最大的成本之一是飞机航行所耗费的燃油，但燃油的价格波动很大。为了平抑燃油价格波动造成的风险，通常航空公司会购买一份经过精心计算的期货合约。如果燃油价格上涨，航空公司虽然运营成本同步上涨，但却可以通过期货合约赚取收入，从而弥补成本上涨带来的损失。如果燃油价格下跌，虽然在期货合约上蒙受了损失，但燃油价格下降节约了运营成本，两相对冲，相当于不亏不赚。

哈里·马科维茨是把"对冲法则"运用得炉火纯青的现代组合投资理论开拓者。1990年，他研究对冲风险的课题还获得了诺贝尔经济学奖。马科维茨的理论非常简单，即在投资时，50%买股票，50%买债券。你可能看出来了，这种结构化配置的方式与度假酒店和雨伞公司的案例如出一辙。

后来，当马科维茨被他人质疑"不够量化"时，马科维茨回答道："一个投资者没买股票，股票却大幅上涨，他必然会十分遗憾；而当他全买股票时，股市又大幅下跌，他也会十分懊恼。与其如此，不如使用'50%对50%'的结构化配置方法，以使人们的遗憾最小化。"

因此，对冲法则作为一项心法，它的意义并不是让幸福最大化，而是让焦虑最小化。

技法：ABZ计划。

ABZ计划由PayPal执行副总裁、LinkedIn联合创始人里德·霍夫曼所创。在霍夫曼看来，任何一个人都应该有一个ABZ计划。

A计划，是一件胜率高、赔率一般，需要大比例下注时间与精力的计划，通常它是你正在从事的工作。你的工作虽然可能无法让你大富大贵，但它是你安全感的来源。而且随着工作经验的逐步丰富，你在工作中处理问题也会越来越得心应手，同时你也可能被赋予重要的职责、更困难的挑战和任务。

B计划，是一件胜率低、赔率高，可以小比例下注时间和精力的计划。这是你可以在工作之余追逐自己梦想的秘密项目。而且由于B计划是你的心之向往，所以你的投入度相对会比A计划来得更高。比如，对早年的爱因斯坦来说，他的B计划是在专利局的工作之外研究他热爱的物理学；刘慈欣的B计划则是在娘子关发电厂作为计算机工程师的同时悄悄写其痴迷的科幻小说；而对我来说，我的B计划是利用每天清晨的时间写作，一年设法完成2~3本书。如果你还没开始践行B计划，建议你赶紧开始。

Z计划，是一件较高胜率、中等赔率，不怎么需要下注时间和精力的计划。字母Z，是英文26个字母中的最后一个字母，因此，它也是你最后的保障，是当你的A、B两个计划万一都宣告失败后最后的退路。比如，现在很多35岁以上的中年人都搁置了他们的A计划，与此同时，他们的B计划也很可能才刚刚开始，尚未成形。此时，Z计划就显得尤为重要。那么到底什么是Z计划呢？在我看来，Z计划是你和你家庭的资产保障。无论是购买低风险理财产品，还是购买中风险的股债组合，以及购置一份或多份保险合同，它们都是Z计划。Z计划越早开始，就越会为你多带来一份保障。

在整个ABZ计划中，我们最期望看到的情景是：Z计划永远不被动用，A计划逐渐被B计划取代，最终你可以像爱因斯坦或者刘慈欣那样，毫无后顾之忧地"为爱发电"，同时还能依靠它获得可观的经济回报。

三个小建议

在践行结构化配置的过程中，有三个小建议需要特别注意。

第一，发展初期，请务必以A计划为重。

如果你的工作经验还不到5年，建议你先夯实自己A计划中的主营业务水平。因为A计划不仅是你的基本盘，而且工作5年左右是一个重要的关口。如果你通过冲刺能走上A计划中的管理岗，你每天遇到的困难和挑战将会上升一个台阶。

这些更有难度的挑战可以迅速地锻炼你的思考能力，更复杂的跨部门协同也逼迫你在与陌生人打交道的过程中磨炼你的沟通能力。思考能力与沟通能力在将来践行B计划时，都是你不可或缺的。与此同时，只要付出足够的努力，前5年的个人收入增长也是比较快的。这样A计划也能产生足够多的现金流去孵化Z计划。

第二，发展中期，请务必控制自己的消费欲望。

当你已经在A计划中践行了5~10年，你的个人收入一般已经达到了一定的水平。这时，有的人看见自己的收入增长后，会自然而然地增加自己的消费开支。这么做不仅会延缓Z计划的进度，而且容易陷入消费享乐主义滋生怠惰，让自己失去了持续发展B计划的动力。

更何况，消费品所带来的满足感，总是在人们还未拥有的期待时期令人愉悦。等真正拿到手后，人们的心理满足感很难超过3个月。所以，当你厌倦了旧消费品后，对于另一件新消费品的渴求就又开始升腾，这就容易延缓B计划和Z计划的进度。

第三，发展全周期，请务必设法提升身体的预期寿命。

结构化配置的自我复杂性主要体验在心理层面，但践行ABZ计划，也请务必同时设法提升身体的预期寿命。预期寿命要如何来提升呢？我们可以参考来自美国坦普尔大学神经学系教授黛安娜·伍得拉夫博士的长寿测试题，其中影响预期寿命加减项的习惯，尤其值得你关注。如增寿的习惯包括每周锻炼3次以上，每年参加体检，遵守规则、注重安全；减寿的习惯包括每天抽烟，每天睡眠超过10小时或不足5小时，有超过1年情绪低落或抑郁。

当我们通过改变习惯，拥有更健康的身躯和更长的预期寿命，我们也就给自己配置出了更优的结构化水平，以更强韧的身心，有策略地成为更佳版本的自己。

第五节　认知升维：
　　　宽门与窄门的选择

宽门 vs 窄门

宽门是一条最初走起来很容易上手的路。由于人类的大脑都是趋乐避苦的，所以很多人开始时总会倾向于从简单的事情开始做起，这就是所谓的宽门。宽门虽然好走，但由于缺少壁垒，选择走这条路的人很多，所以挤满了人，越走就会越难走。

另一条路则是窄门，这条路在最初的时候会特别累，是"少有人走的路"。但你别看它短期很难走，正是因为难，所以选择走这条路的人自然也就很少。但窄门的路会越走越宽，走到后面，是一片海阔天空。

那么，到底应该怎么选？是选择走宽门还是走窄门呢？

事实上，在这个世界上，大多数未经提升认知的人，都会不由自主地选择走宽门。因为走宽门的门槛很低，短期内就能获得正反馈。甚至在红利期，很多人都可以从中分到一杯羹，获得不少收益。但正如巴菲特曾说："当潮水退去，才知道谁在裸泳。"繁荣过后一地鸡毛，只有下过硬功夫的团队与个人，才能"剩者为王"。

从2016年开始，很多城市的马路上开始出现一些共享单车，只要扫码支付押金，就可以花1元钱骑行一次。这就是当年的新品类——共享单车。

一开始，共享单车是一个非常好的投资品类，为什么？因为一辆单车的成本大约1000元，而一辆单车每天可以被用户平均使用5~10次，计算下来，4~5个月就可以收回成本。

与此同时，普通项目投资的回报周期大约为2年，突然出现一个仅4~5个月就能回收投资的项目，这在资本看来简直惊为天人。所以，当时就出现了一个现象，大家发现马路上开始到处充斥着各种颜色的共享单车，甚至有人戏谑"限制共享单车发展的是颜色不够用"。

然而，在一个十分短暂的繁荣期过后，就开始出现倒闭潮。第一个倒下的共享单车品牌叫悟空单车，它只活了短短3个月。当然还有非常著名的小黄车ofo，即使到今天，还有很多人的押金还没退回。

你看，共享单车业务就是一个典型的宽门。走宽门，路是大的，但进去的人也多，所以越走到后面就越难走。截至2022年8

月，整个单车市场就只剩下美团、哈啰和青桔三足鼎立。

所以，宽门一开始的确容易，但越走到后期，就越不容易。

说完宽门，再说说窄门。

除了单车大战，另一个曾经发生大战的战场是团购业务。实际上，最多的时候有6000多家团购网站，然后经过一轮大淘汰后，变成了1200家，之后又变成百团，紧接着变成十团大战，随后两团大战，最终两团合而为一。美团和大众点评合并，变成了一个新公司——美团大众点评。

美团之所以可以存活到最后，其实和它在宽门里找到了窄门有关，这个窄门到底是什么呢？

很多同行通过大量地投广告，用营销的方式来获取用户，但美团则选择了一条少有人走的路。在严防死守自身现金流被掐断的前提下，美团把大量的资金投入一扇窄门——提升用户体验，通过口碑的方式获得用户。

比如，现在很多人习惯点了外卖后，查看外卖小哥在电子地图上去商家处取货、取到货后距离你有多远、大约还有几分钟可以到达。还有用户在购买团购券时，总会担心自己的团购券如果不小心忘记使用，发生了浪费，怎么办。后来，美团就上线了诸如"过期自动退"的功能。这些服务细节的提升，都是源自美团提升用户体验的结果。

个人的选择

个人和企业在宽门与窄门的选择上遵循着同样的规律。

英国作家、文学评论家塞缪尔·约翰逊正是一个选择走窄门的人。尽管他最初经济十分拮据，但依然花费整整9年的时间日拱一卒，推动编写了一本《英语大辞典》。这本著作刚一出版，就受到了大量评论家的称赞，甚至大哲学家休谟也美誉道："它已不仅仅是一本参考书，而是一部文学作品。"

为什么这么一部名字稀松平常的辞典能获得如此高的评价呢？这是因为它在以往同质化严重的辞典范式之外，不拘一格地走出了另一条风趣的"窄门之路"。

正是因为塞缪尔·约翰逊为阅读《英语大辞典》的人们创造了独特的情绪价值，1762年，他获得了每年300英镑的政府津贴。他去世后，甚至被安葬在著名的威斯敏斯特教堂公墓，与莎士比亚、牛顿、达尔文、狄更斯等曾为这个世界做出过卓越贡献的人安葬在一起。

无独有偶，我曾认识一位声音导演，因为喜爱声音，她也选择走进了一扇窄门。在这个平行宇宙中，她在家办公的前5年承受着来自家庭的巨大压力，因为她的同学们都已经获得不错的工资收入，而她却每天窝在家里自建的录音棚里捣鼓，只有偶尔才能接到一些零星商单。

但正如我们在之前的章节中曾经讲过：

当胜率为10%，意味着失败率为90%，而90%的29次方约等于4.71%，即一件失败率90%的事情重复29次，只有4.71%的可能性全都失败，那就意味着，你有95.29%的概率把它做成至少一次。

同样，哪怕胜率仅为1%，意味着失败率为99%，而0.99的29次方约等于5%，因此，如果一件胜率只有1%的事情重复29次，也会有95%的概率至少做成一次。

这一次，她的某部有声广播剧一跃成名，不仅让她赚到了远超前5年收入总和的钱，同时也奠定了她在该领域中的江湖地位。各类网络小说版权、推流资源纷纷向她递来橄榄枝，她也一跃成为头部有声者，不仅拥有多部知名代表作，而且每次线下授课的出场费也高达五位数。

宽门中的窄门

你可能会问："并不是所有的人都有勇气一上来就走'难而正确的窄门之路'。如果我现在正走在宽门的路上，接下来该怎么办？"

　　答案是，找到宽门中的窄门，设法构建你的核心竞争力。

　　所谓核心竞争力就是别人短期内无法替代你的能力。我用我自己的职场经历来和你分享，可能会对你有启发。

　　以前我在传统行业，论专业技术，人家沉淀了几十年，我就算再努力也不可能超越那些老师傅，所以刚开始时我就属于被内卷的对象。后来，我发现这些老师傅做PPT不行，数据分析不行，上台演讲更不行。

　　根据这三个"不行"，我找到了自己在这个生态系统里面的生态位。然后通过3年的刻意练习，让这家公司里的同事，一想到做PPT、数据分析、上台演讲，第一个就想到我，这个叫占领心智。

　　后来，我又来到了互联网行业，在该行业中，PPT比我做得好、数据分析更透彻、演讲能力更强的人多如牛毛。假如我再用以前的"老三套"又会成为被内卷的对象，那怎么办呢？

　　这时候，我利用在传统行业里与老师傅们打交道积累下来的深度思考能力，还有我自己写书时不断磨炼出来的结构化能力，加上我比更年轻的人拥有的更丰富的阅历、对人性的洞察能力，就变成了我的"新三套"，别人想问题想不明白的时候，就会来找我讨论。我比这个公司里的绝大多数人更能协助他人看透本质、解决难题。随着口碑的积累，也方便我与更多聪明人协作，也更容易跨部门去调动资源。

　　所以，当你也能通过思考和行动，用3年的时间去构建起自己在某个小生态系统中被需要的核心竞争力，你也可以使用它在该系统中占据一席之地。

第五章

运气的科学

第一节　运气实验：
三个实验厘清一个人的运气

人生是一场随机漫步的修行，除了努力和策略，想要成为更佳版本的自己，有时还需依靠运气。关于运气，你有多少认知呢？本节我们将通过三个实验，帮你厘清一个人的运气。

"才智与运气"实验

你认为聪明人更容易获得好运，还是普通人更容易获得好运呢？

意大利物理学家与经济学家曾经联合做过一个虚拟实验，他们建立了一个系统，在该系统中，"成功"被简化成了只受才智和运气影响，而不考虑后天努力等其他因素。实验中有三个限制条件。

条件一：根据正态分布设置虚拟人的智力水平，其中大多数普通人占比66%，极高智商与极低智商者占比不足1%，其余为智力较差或智力较高的人。

条件二：好运降临在智商越高的虚拟人身上所带来的收入增长越大，落在智商越低的虚拟人身上带来的作用则越不明显。

条件三：好运每半年会随机选择降落在虚拟人群体身上。

最后观察，40年过去后，什么样的人容易获得世俗意义上的"成功"。

该团队总共运行了100次模型，结果十分稳定，总共呈现出三个特征：

特征一："成功"的分布几乎完全与"二八法则"一致，即20%的虚拟人占有全部财富的80%。

特征二：站在金字塔塔尖的4%（双"二八法则"，即20%的20%）几乎都由智商一般的普通人构成。

特征三：智商极高的人拥有的财富水平很一般。

这个结果让很多人感到惊讶。为什么智力水平高的人反而没有获得世俗意义的"成功"呢？难道智商高的人容易情商低，即便是虚拟人也不例外吗？

事实上，世俗的成功与否的确与智商关系不大，因为运气是随机降临的，而且还受后天努力等其他因素影响。试想，100个人中有66个普通人，只有1个智力卓越的人，哪怕运气降临后产生的赔率比较大，收益较多，但由于胜率只有1%，40年总共运气降临了80次，那么这1位智力卓越的人被砸中的概率仍旧只有 $1-(1-1\%)^{80} \approx 55.25\%$，即在他的一生中，只有一半多一点的可能性被降临一次好运。

你可能会问，那社会上出现的刚毕业就年薪百万的"超级天才"是怎么回事？

答案是，这里极可能存在"幸存者偏差"，即我们只能看到已经经过了某种筛选之后的结果，但往往会忽视筛选的过程。那些未能被筛选出来的人只是没有发声而已，他们淹没在茫茫人海之中。

所以，"才智与运气"实验告诉我们，老天爷是公平的，他不会因为少数人智力卓越而额外优待他。而作为普通人，面对好运是否会降临这个问题，我们也要保持平常心。

"放松与运气"实验

英国赫特福德大学教授、畅销书作者理查德·怀斯曼曾经做过一个关于"放松与运气"实验。他设计了一份报纸，并请受试者浏览后告诉他，这份报纸里总共有几张图片。

所有人都认为该任务十分简单，其中大多数人会花1~2分钟时间，仔细地盘点图片数量；少部分特别仔细的受试者会耗时更多，因为他们需要反复核对，生怕搞错，校验数量后再反馈给怀斯曼博士。

但其实，人们明明可以用更短的时间就能告诉怀斯曼博士正确数量，因为报纸第二页上几乎用了半版的篇幅写着答案：别数了，本报纸共有43张图片。可是，这些受试者却无一例外，视而不见。更气人的是，怀斯曼博士还在报纸中间同样用半个版面的空间用很大的字体写了另一条信息："别再数了，告诉实验人员你已看到该信息，可以领取250美元。"但聚精会神于"数数"的受试者依旧表现出"睁眼瞎"的特征。

实验过后，当怀斯曼博士请他们再次翻阅该报纸时，几乎每个人都在10秒内就发现了第一条信息。看到这些，他们捂嘴大笑，惊讶于自己为什么之前没看见；而当受试者翻阅到第二条信息后，为错失250美元懊悔的、陷入沉思的——受试人员的反应更是不约而同。

怀斯曼博士真是"坏死"了。但这项实验也反映了一个问题，即当运气降临的时候，什么样的人会视而不见？

我在《熵减法则》这本书里曾经提到过一个概念，叫作"无意视盲"，即当观察者集中注意力在某个事情或物体上的时候，往往会无法察觉一些显著的、在正常状态下明明可以注意到的事物。

因为集中注意力的时候，大脑高度紧张，此时我们会自动屏蔽当下觉得并不重要的信息。比如，你边走边想事情的时候，同事跟你打招呼可能就不一定能注意到，甚至有些人还会戴着眼镜找眼镜、拿着手机找手机。这些都是无意视盲的体现。

无意视盲的确可以帮助我们专注于做事情，屏蔽部分干扰；但与此同时，它也"帮"我们屏蔽掉了"运气和机会"。那怎样才能不陷入无意视盲的状态呢？

答案是，有意识地提醒自己通过深呼吸、放空大脑等方式，让大脑重新进入放松状态。这样可以在运气降临时，显著提升我们捕捉到它的概率。

"预期与运气"实验

英国谢菲尔德大学心理学系高级讲师彼得·哈里斯曾经做过一个问卷调查。

这份问卷总共包含8道题目，受试者需要在看到每道题目后，不假思索地填下他认为这件事情可能发生的概率。

（1）有人对你说，你很有天赋。

（2）别人说你看起来比实际年纪更年轻。

（3）你有时间好好享受下一个长假。

（4）获得2000元人民币且可用于个人消费。

（5）至少实现你自己的某一个人生目标。

（6）你能和家里人维持良好的关系。

（7）有朋友从远方来拜访你。

（8）你取得的成就会受人羡慕。

你可以试着做一下，然后把这些写下来的分数（每题得分为0%～100%）加起来，最后除以8，看看最终的平均分是多少。

请把结果和下面的标准做比较：

0～45分，分数较低；

46～74分，分数中等；

75～100分，分数较高。

我自己除了第（7）题"有朋友从远方来拜访你"的概率大约为30%，其余基本在80%～90%，所以平均分大约为76分，勉强在"分数较高"的区间。

怀斯曼博士也曾把这份问卷分发给诸多受试者，并且还加了第（9）题：你认为自己是幸运的、运气一般，还是运气不佳？

实验结果显示，最后一题的结果与前8题结果的平均值呈现正相关，即前8题的平均分：幸运者＞运气一般者＞运气不佳者。尤其是第（4）题，幸运者的分数比运气不佳者的分数高一倍不止。

这个结果与心理学中"自证预言"的结论如出一辙，即人们会不自觉地按已知的预言来行事，最终让该预言发生。这是因为对自己有正面期望的人，当面临选择时会倾向于接受挑战。

比如，我曾同时给两位下属布置调研竞品的作业。到了截止日期，小M说她当时接到任务时就觉得自己没有能力做，所以一直没有完成。而另一位小Z虽然完成了作业但远没达到我的预期，不过，她从网上找了一个"SWOT"分析的模板，照葫芦画瓢写入了她观察到的事实。

不同的结果让我对小Z高看一眼，之后有更多好机会的时候，第一时间想到的就是小Z。

有人总是抱怨自己没有贵人提携，运气总是不来垂青。他们或许不知道的是，对自己有怎样的期待，都可能在自己的心智中种下一颗种子，假以时日，种子会开花结果，让他们成为一个运气值更高的人。

第二节 四种"运气":
你选择拥有哪种

如果说上一节的运气实验令你有所启发,让你发现原来运气也能人为地进行干预。那么本节我将带你一一梳理存在于这个世界中的四种运气,从而确定我们到底应该选择去追逐并拥有哪种好运。

第一种运气:随机漫步的运气

这是普通人普遍在追求的好运。然而,随机漫步的运气只是上帝掷骰子的结果。比如,公司年会中头奖、打新股中签,又或者摸到一手好牌。这类运气是纯粹随机的结果,除非作弊(有些也无法作弊),否则没有人可以进行干预。

不过,你可能会问,那为什么身边有些同事几乎每年年会都能中奖?或传闻11:00打新股更容易中签?这些难道不是提升随机好运概率的窍门吗?

对不起，还真不是。这些仍旧是随机漫步的结果。我举个例子你可能就明白了。例如，抛一枚硬币，抛出正面或者反面的概率都是50%，但某一次遇到了奇怪的事情：已经连续10次都是正面了，如果此时让你押注第11次的结果是正面还是反面，你会怎么做判断呢？

一部分人或许认为，既然10次都是正面，那下一次为反面的概率更大，毕竟好运不可能一直持续下去。而另一部分人觉得，既然已经10次都是正面了，那说明运气此时已经站在了"正面"一边，趁"正面运气"还没有全部用完，应该赶紧押注正面。

事实上，稍有概率论知识的人都知道，以上两种判断都是错的。第一种判断是典型的"补偿思维"，这种思维认为哪怕是一件概率固定的事情，既然目前已经发生了小概率情况，那么接下来应该会发生逆转。第二种判断则被称为"热手效应"，它来源于篮球运动，是指比赛时一位球员连续命中后，队友会认为他此时手感很好，接下来的命中率依然可以维持在较高水平的一种错觉。

无论是"补偿思维"还是"热手效应"，都是人类的认知偏差，会造成人们"感觉某位同事锦鲤附体"或者"某时间段打新股更容易中签"的误判。

随机漫步的运气既然是随机的，那么它的特点正是其不可控性。所以，无论是好运还是厄运，只要它是随机的，在面对它时，佛学中有一种叫作"无常"的心法值得借鉴。因为它能帮助我们的内心摆脱执着，对随机发生的得失保持一颗平常心。

正如《金刚经》所述："一切有为法，如梦幻泡影，如露亦如电，应作如是观。"

第二种运气：连续行动的运气

一个单身人士如果总喜欢宅在家里，那就很难遇到意中人；一个理财小白如果从来没尝试过投资理财，那么他永远也不可能通过提高年化收益率来实现财务自由。相反，资本之所以更青睐连续创业者，则是因为连续创业者拥有"连续行动的运气"。

是的，当普通人热衷于求神拜佛来祈求"随机漫步的运气"降临时，很可能未曾注意过"连续行动的运气"的威力。为什么连续行动能带来好运呢？

如果你读到这里还无法立刻回答这个问题，我再用一个日常生活中随处可见的例子带你重新复习一下"胜率的魔力"。假如你在外卖平台参加整点秒杀"满55立减28元"大额神券的活动，该活动抢夺成功率如果是30%，这就意味着你单次抢不到的概率为70%。而倘若该平台从9点到18点这10个整点都能秒杀抢券，那参与10次，全部抢夺失败的概率为70%的10次方，约为2.8%。换言之，每逢整点都去秒杀，10次中，至少能抢到一次的概率为1-2.8%=97.2%。

你看，小到外卖平台搞活动，抢夺成功率即使低到只有三成的把握，只要连续行动，你就有高达97.2%的概率可以"夺得好运"。所以，这也是为什么影楼拍照一拍就是几百张，因为那么多照片里，总能挑选出若干张还不错的照片。为什么优秀的短视频创作者总是那么积极地更新视频，因为一年更新下来，在1000条短视频中，也总会出现若干小爆款，甚至一两条大爆款。

心理学者迪恩·西蒙顿曾经专门做过研究，他发现艺术家的影响力与其作品的数量呈正相关。比如，巴赫的作品超过1000部，巴尔扎克的著作超过90本，毕加索的艺术作品更是超过了1万件。正是由于他们连续不断地交付出作品，所以总有那么一些会在历史的长河中留下痕迹。

所以，第二种运气的本质是"勤奋"，而且还是"雷打不动的勤奋"。只有尝试并产出足够的数量，才能在"大数目"中筛选出有质量且有影响力的作品。

看看大师，再看看我给自己定下的写完50本书的目标，发现原来我对自己要求还是太低了。

第三种运气：拥有目标的运气

为什么仅仅拥有目标也是一种运气呢？

你可能听过一种叫作"吸引力法则"的理论，该理论认为，你只要在心里"向宇宙下订单，宇宙就会让你实现愿望"。"吸引力法则"还被拍成一部叫作《秘密》的纪录片，在当年盛行一时。

揭开营销包装和神秘学外衣，"吸引力法则"的本质是："拥有目标"与"自证预言"。在该纪录片中，《心灵鸡汤》作者杰克·坎菲尔为了实现一年赚到10万美金的小目标，他在1元纸钞数字"1"的后面，用记号笔写了5个"0"，然后将这张"10万美元"的纸币贴在天花板上。这样，每天醒来，他就能第一时间看见那张"10万美元"大钞。

一个月后，坎菲尔洗澡时突然灵光乍现，想到一个主意：如果他写的一本书，能设法卖出40万册，每本赚0.25美元版税，他的小目标就实现了。

接下来，他开始疯狂巡回演讲。在进行了大约600场演讲后，他接受了《国家询问报》记者的采访。该访谈内容一经发表，书籍销量大增，坎菲尔的小目标也实现了。

在坎菲尔的案例中，共存在三个特点。

　　第一，"幸存者偏差"。当取得信息的渠道只是来源于幸存者的时候，该信息可能会与实际情况存在偏差。换言之，坎菲尔如果最终没有实现目标，他也不会被纪录片节目组邀请，自然无法诉说他天花板上"10万美元"的故事。

　　第二，"拥有目标"。由于他有一个十分具体的目标——"卖出40万册"，所以目标的指引让他很快就找到一个与目标相关的行动路径——"通过巡回演讲来获得流量"。这就让他启动了第二种"连续行动的运气"：促使尝试次数达到足够大，使之产生某些意想不到的"好运"。在坎菲尔的故事中，这类"好运"体现在被《国家询问报》采访。

　　第三，"自证预言"。"相信自己能卖出40万册书"的信念，以及每次演讲后获得的一些书籍的销量反馈，让坎菲尔坚持演讲超过了600场次，并且他在每一次演讲的过程中积累了更出色的演讲技巧，不断形成独特吸引力。

　　最后，还是有必要强调一下，"有目标的运气"只能加大一个人敏锐地捕捉到有效路径的概率，"自证预言"也仅仅只是帮助人们产生连续行动的动力，而且由于"幸存者偏差"的存在，就算这么做了，所谓的"吸引力法则"也未必百分之百发挥作用。

　　所以，第三种运气，说得戏谑一点，就如同知名学者梁文道

经常讲的那句话："不保证成功，不一定有用。"但，"有"一定
比"没有"强。

第四种运气：心智定位的运气

如果说第一种运气无法掌控，第二、第三种运气只是在缓慢
地帮助你提高胜率，那么第四种运气就仿佛是游戏里憋出来的大
招，一旦释放，威力无穷。

这种好运，就是心智定位的运气。什么是心智定位？它来源
于营销定位大师杰克·特劳特的理论。定位理论认为：一旦在人
们的心智中实现"一想到某个需求就第一时间想到你的产品或服
务"，那么你就拥有了品牌护城河。

比如，一想到商业顾问就会想到刘润老师，一想到PPT就会
想到秋叶大叔，一想到资产配置就会想到齐俊杰老师，等等。与
此同时，为什么品牌护城河是一种运气呢？

因为所谓好运，它是一种突然或意外碰到的好事。比如，应
聘高薪岗位，你最终被录取；又如，你负责的产品大卖，你获得
升职加薪。在我看来，好运的本质，是一种增加自身优质选择权
的能力。当一个人拥有了个人品牌护城河，他就很容易受到某些
意料之外的合作邀请。

比如，当我只出版了前两本书时，为了找到第三、第四本书的邀约合作，我等了 1~2 年。而当我的《熵增定律》在市场上卖了 10 万册以后，就有很多出版社的编辑主动来联系我，希望能与我合作。

所以，当你在某个领域有了某些代表作，具备自己的独特性并且别人也认同这些代表作、认同你身上的某些稀缺性时，他们就很可能会在产生相关需求时，第一时间想到你。

第三节 逆转运气：
把厄运变成好运的方法

你觉得自己是个有好运气的人吗？你觉得自己经常能化"厄运"为"好运"吗？如果你对自己的这项能力没有信心或者拿捏不准，可以试着做下面这3道简单的测试题，并且在阅读完每道题目后，按照"不幸至幸运的程度"给自己打分，0分为最不幸，5分为最幸运。

第1题：年度体检，你检查出自己患上了胆囊息肉、肝血管瘤、甲状腺结节、肺部结节。

第2题：你加入一个新部门，部门领导是个控制狂，你做的每件事情他都要设法批评你几句。其他同事则悄悄地告诉你，这就是该部门的风格。

第3题：部门开小会，领导暗示今年年底考核的高分名额有限，总共6个人中只有1人可以拿到4分或5分，而其他人都为3分。但结果出来后，你私底下发现：只有你一个人领了3分，其他人不是4分就是5分。

好，现在3道题做完了，你的运气总分是多少？

你获得的分数越高，你就越可能是一块幸运磁石。而假如你的分数偏低，也别担心，因为看完下面的内容并付诸行动，你也可以逐步掌握把"厄运"变成"好运"的法则。

法则一：找到阴云的金边

如果你留意观察，会发现夏天的天空经常会出现一种美景：镶着金边的阴云。如果阴云代表厄运，那么这层淡淡的金边则预示着每一个表面厄运的背后也都可能伴随着好运。

为什么这么说呢？主要有三个原因。

第一，当你掌握该法则后，在面对随机漫步的厄运时，有利于保持淡定，继而获得好运。

最显著的例子往往出现在投资市场中，比如，我们经常会听到"黑色星期一""黑色星期四"的说法。每次在股市中听到"黑色星期几"都意味着当天股市出现巨大幅度的下跌，而每当出现该类情况时，很多股民由于忍受不了下跌造成的亏损而选择割肉离场。

可是，每每在这种情况下，才刚完成交易，市场就仿佛在和你做对似的，股价立马就止跌反涨了。此时，因恐惧而慌忙地选择快刀斩乱麻的投资者，又总是为自己刚才的挥泪斩仓懊悔不已。

但"幸运"的高手则不同，他们在遇到这种随机漫步的厄运时，从容镇定，非但不会选择离场，反而还会调拨资金少量买入。如此一来，高手们总是在"别人恐惧我贪婪"的心法践行中，赚取了股价"均值回归的好运"。

第二，很多时候，并非因为厄运才会遇到"坏事"，而是因为好运才有机会从更大的"坏事"中逃离。

在测试题中，如果你年度体检时，检查出胆囊息肉、肝血管瘤、甲状腺结节、肺部结节，这会令你开始担心自己的身体是否出了状况，甚至非常焦虑。

但正是因为在病灶还比较轻微的时候发现了它们，这反而给了你足够的动机在生活习惯上做出改变，比如，戒掉熬夜、吸烟、酗酒、重口味饮食的习惯，防微杜渐，从而在源头上扭转身体进一步恶化的趋势。你说，这是不是实实在在的好运呢？

第三，所谓"厄运"，也很可能只是"对比效应"造成的认知偏差。

什么是"对比效应"？它是在认知心理学当中，人们会由于先后受到刺激的不同，继而产生完全不同感受的现象。比如，你同时把左手放进冰水里，右手放进热水中，15秒后，再一起将双手浸入温水。此时，你左手的感觉是热的，而右手的感觉则是冷的。同样，当你拿到100元的加薪时，发现很多公司不仅没有加薪，反而由于行业不景气而降薪，此时，你就不会觉得自己倒霉，而是庆幸自己幸运了。

法则二：等待运气自动逆转

小时候，我有一段经历记忆犹新。当时，我和另外两个小伙伴一起去上海复兴公园游玩，没想到遇上两个比我们大几岁的不良少年。这两个不良少年强迫我们从一块石头跳到另一块距离较远的石头上，如果做不到，就必须向他们跪地求饶。

我们从来没有遇到过这种情形，于是立刻拔腿就跑。可是，小时候的我缺乏锻炼，没跑出多远就跑不动了。眼看两个不良少年追来，我只能停下脚步，撑着膝盖喘粗气。他们看我弱小，于是其中一个停下来对我严厉地喝道："你给我乖乖等在这里，我先去追他们，回头再找你算账！"

可是，我在原地等待了5分钟，不良少年还没回来。突然，我恍然大悟："我为什么要等他们回来'收拾我'呢？"于是，我立刻选择离开原地，走出公园，找到十字路口的交通警察寻求帮助。

你看，从体力上来说，我是最弱的，很快就被不良少年追上了；而两个小伙伴"跑得贼快"。显然，我是最"倒霉"的。但运气的好坏并不是固定不变的，在时间的酝酿下，也许自动就会逆转。起初明明是"厄运"，最后，反而变成了"好运"。

《总能做出正确决定的幸运法则》的作者理查德·怀斯曼，描述过一段比我更传奇的经历。他曾受邀参加魔术表演，但在快餐店吃饭时，不小心把魔术道具箱给落下了。回去找的时候，道具箱这种有趣的东西早就不见了踪影。离表演没剩几天了，这些道具又都是很难短期重新购买或重新制造出来的。你说，这是不是很"倒霉"呢？

可是，正是在这种压力下，怀斯曼被逼出了潜能：他在当地买了一些诸如扑克牌等普通道具，研究到凌晨，愣是设计出了多个全新的魔术。由于这些魔术十分新颖，他凭借它们在那次魔术演出中夺得了最佳原创奖。事后，他承认，没有那次魔术箱遗失事件，他完全没有动力研发出崭新而精彩的魔术节目。

现在，再让我们来看看"加入一个新部门，部门领导是个控制狂"这件事情。跳入了这个"火坑"，到底倒霉不倒霉呢？这也是曾经发生在我职场生涯中的真实事件。虽然天天"挨批评"的感觉很不美妙，但这却让我养成了良好的品控习惯：我会要求自己在交出工作成果之前反复检查，尽自己的所能交出能提升自己个人品牌的工作结果。

所以你看，眼下是"厄运"的事件，只要给它足够的时间发展，"厄运"可能就会自动逆转，变成"好运"。

法则三：采取措施迎接好运

还记得第3道测试题吗？就是部门年底考核，只有你一个人得了3分，其他人都是4～5分。

是的，这又是一件曾经真实发生在我身上的事件。我相信任何一个人在受到类似不公平待遇的时候，一定会在短时间里感到委屈和痛苦。

后来，我看到作家王小波曾经说过的一句话："人的一切痛苦，本质上都是对自己无能的愤怒。"这句话瞬间让我醍醐灌顶，我一下子感到被"打通"了，为什么我不采取措施，提升自己的本领，迎接好运呢？

是的，在后面的一段日子里，我开始通过发掘自己写书的能力，开拓了自己的副业收入，增加了自己的自我复杂性；通过研读MBA，拓宽了自己的人脉圈；通过在市场上寻找机会，进入了互联网行业；通过开启自己投资上的认知，获得了10%年化收益率的能力。

在持续不断地采取了这些措施后，哪怕今天我突然失去了主业，副业与投资的收益也足以养活一家人，只是每个月新增投入财富管理的资金会变得少一点而已。

可以说，正是当年"3分"事件的厄运，促使我积极主动地采取措施，从而开启了长达近10年的好运，并且到今天为止依旧在不断延续。

同样，我年轻的时候，也曾在股票投资中吃过苦头。当时觉得这铁定是"厄运"，甚至怀疑自己没有投资理财的天赋。但恰恰是因为这些痛感，让我有足够的个体经验，在阅读华尔街大师们的经典著作时能读懂、读通。此时，再回到投资中时，才能真正理解华尔街大佬们为什么要这么做，知道怎样才能克服人性中的"贪婪和恐惧"，以及如何用慢思考来投资，并获得长期稳定的财富增长。

更幸运的是，由于年轻时的本金很少，所以我用来"交学费"的金额也不多，随着认知的提升和有效做到知行合一，很快就把以前亏损的部分赚了回来。

最后，我想对你说，幸运的人并不是天生就有化"厄运"为"好运"的能力，但逆转运气这个能力是完全可以通过学习与践行法则来获得的。希望你也能早日内化这些法则，从而在遇到任何"厄运"的时候都能逢凶化吉，成为好运附身版本的自己。

第四节　运气的科学：
从期待好运到掌控好运

人类的发展史其实也是一部人类与运气斗争的历史。

比如天花，它是一种非常危险的疾病，致死率可以超过30%，个人能否战胜天花，需要依靠运气。但今天，天花这种病毒通过牛痘疫苗的接种，已经被消灭了。"谈天花色变"已经成为历史。

还有女性生产，曾经也被认为是在鬼门关走上一遭，同样需要依靠运气，但现代医学标准的剖宫产手术，已经成为挽救难产孕妇和胎儿生命的有效手段。

所以运气，可以依靠科学的方法来进行有效的提升。同样，个人想要提升运气，也可以用科学的步骤从期待好运到逐步掌控好运。

步骤一：把未知变成已知

我的父亲在2006年查出肝脏处有一个大约2厘米的肿瘤，确诊为恶性。当时他有三个选择。

选择一：中医保守疗法，长期与肿瘤共存。

选择二：手术治疗，切除病灶。

选择三：使用当时的创新医疗手段微创射频疗法，烧死癌细胞。

可惜当时的我才参加工作一年多，完全没有今天的认知高度；而同样没有关于胜率、赔率、下注比例认知的父亲选了选择三。

术后，癌细胞表面上得到了"清除"，但没过多久，检查后又发现了癌症转移，出现了"门静脉癌栓"。放射疗法变成了没有选择的选择，放射疗法导致血小板减少，除了忍受病痛，我家每周还要支出一笔不菲的费用，来注射一种补充血小板的针剂……

2007年6月21日，父亲再没有任何可以选择的治疗手段了，在昏迷一周后，走了。

今天，回过头来复盘，如果能在最初进行三种选择的时候，能从各渠道了解更多的信息，把更多的未知变成已知，或许可能会出现一个完全不一样的平行宇宙。

第一，把"所有方案"变成已知。《金字塔原理》中有一个"MECE"（Mutually Exclusive, Collectively Exhaustive）原则，意

思是说，当面临重要议题时，要把所有的可能方案做到"相互独立，完全穷尽"。比如，在治疗方案的选择中，除了这三个选择，还有没有其他的选择？如果自己思考不出更多更全的选择方向，是否能请教领域内的专家"外脑"，设法找到更多的可行的方案？

第二，把"基础概率"变成已知。在一切已知的选择中，哪种选择的"5年生存率"是更高的？在医学领域的论文中，任何一种重病治疗方案都会统计"5年生存率"，这是一种比较各种治疗方法优缺点的指标，能非常直观清晰地看到各类方案的优劣。当时父亲的病灶只有2厘米，远算不上晚期，可以选择的方案有很多，完全没有必要去选择还在实验阶段的创新方案。

第三，把"后续选择权"变成已知。所谓后续选择权，是指当你选择了该选项后，后面的选项是越来越多还是越来越少。《人生算法》的作者喻颖正曾经打过一个比方，如果你在人潮汹涌的大街上被人用刀抵住后背，对方胁迫你走进小胡同，你应不应该就范呢？他的答案是：不该。因为当你跟歹徒走进小胡同后，由于周围没有路人，歹徒必然更加肆无忌惮。换言之，你的选择会变得越来越少。反而在人多的大街上，你有更多的选择与歹徒周旋。

所以，当面临重大选择的时候，尤其是当面临关乎性命的选择的时候，尽力把所有的未知变成已知，是你从期待好运到逐步掌控好运的第一个方法。

步骤二：选择去做有必要的事情

什么是"有必要"的事情？在我看来，必要性就只有一个标准，即如果某件事情一旦达成，可以解决你绝大多数的问题，那这件事情就具备必要性。

那到底什么事情具有必要性呢？

是在职场遇到瓶颈的时候，去考一个PMP（项目管理专业人士资格认证）证书吗？

是在明争暗斗的工作环境中，尽可能地讨好领导、假装996、训练表演能力吗？

是在甲方压榨自己的时候，忍着胃痛，不舍得请假，不顾身体也要熬下去吗？

不是的，在我看来，只要你实现了财务自由（被动收入大于主动收入），以上事情就都不是事儿。换言之，你就拥有了不想干什么的时候就不干什么的底气。是的，财务自由就是一件一旦达成，就可以解决绝大多数问题的事情。但你可能马上会说："'被动收入大于主动收入'是每个人的理想，这件事情我知道，但它太难实现了。"

　　但我想说的是，关键并不在于这件事情难不难，而是在于你每天有多少时间会花在有利于创造被动收入这件事情上。目前已知的被动收入有：资产配置、房屋出租、版权收入、股份分红等。当你在做选择的时候，当你在做时间、精力分配的时候，你的优先级是为了当下的痛快（比如，刷短视频、看网络小说），还是为了实现有必要的事情？

　　10年之前，我对资产配置一无所知；7年之前，我才和爱人贷款买下上海嘉定的住宅，出租给别人；5年之前，我也才开始敲打键盘，绞尽脑汁地写第一本书的第一章节；今年，我才刚刚加入一家垂直赛道企业，以公司利润分红作为我的部分薪酬。

　　必要性，不在于你现在已经做到了什么程度，而在于它是否可以解决你大多数的问题。

　　另外，除了财务自由，沟通能力也是另一项具有"必要性"的能力。我曾看到过许多人由于缺乏沟通能力，总是在各类沟通中产生精神内耗，不仅浪费了自己的精力，还损耗了下属的情绪价值。如果你希望在沟通能力上获得长足的精进，可以阅读更多有关沟通方面的书籍，学习技巧，帮助自己成为一个会沟通的"高手"。

步骤三：使用策略，努力做到知行合一

找到了有必要的事情，接下来去做不就可以了吗？

可是，真的那么简单吗？

"听过很多道理，却过不好这一生。"我们明明知道运动有益身体健康，但很多人就是做不到。我们明明也知道读书可以提升认知，尤其阅读华尔街经典类书籍可以提升投资的胜率，但人们总是买了一堆书后，连封面的塑封都没有拆，长期搁置在自己的书架上。

可见，"知行合一"并不是一件简单的事情。那到底要怎么办才能努力做到"知行合一"呢？

第一，一次只设定一个行动目标。

每个人的精力和时间都是有限的，所以千万不要好高骛远，给自己在同一时间区间设定过多的行动目标。曾国藩曾经说过："既往不恋，当下不杂，未来不迎。"如果你正在完成某个目标，但心里还想着另一个目标，注意力就很难集中。而且当你设定的多个目标只完成了一个，甚至连一个都没完成时，你对自己的评价就会下降，这种自我效能感的降低，可能会导致你越来越没有信心完成行动目标。

第二，如果发现目标达不到，请立刻降低目标的要求。

请想象有一辆满载货物的大卡车。在启动伊始，它需要极大

177

的动力克服最大静摩擦力才能前进。同理，当你的目标太大，目标卡车就特别沉重，而我们的意志力有时不足以克服最大静摩擦力推动它，放弃往往是难以避免的选择。然而，当我们降低目标的要求，触发行动的力量就会减小，而行动一旦开始，大脑所带来的阻力就小得多了，继续该行动才会变得简单。

第三，固定时间、固定地点做固定的事情。

我每天早上5点起床后会在阳台的书桌上，用Surface平板电脑写作；在地铁上听书、输入；在路上看到美好的景色时拍照；午休的时候看半小时电子书。当你在固定时间、地点开始做固定的事情后，这个时间、地点就成了你制造出来的"场"。在这个"场"中，你就很不容易受到其他事物的诱惑，去做与这件事情不太相关的事情。

所以，当你决定践行行动目标的时候，你可以一次次地在固定时间、地点做固定的事情，用一次次的行动去创造和加固你的"场"。

第四，找一群人一起践行。

一个人走得快，一群人走得远。当你给自己设定好行动目标后，可以与那些有相同目标的小伙伴约定建一个群，每周通过接龙打卡的方式公布自己的行动完成情况。这既能互相提醒，同时也能见证自己做到了"知行合一"。

第五节　运气的运气：
　　　　如何升维改运

假设你参加了一场大奖赛，要与一个现场观众合作。你的任务是把50枚黑球和50枚白球装进两个一模一样的罐子里，稍后再请这位观众挑选其中的一个罐子去摸球。如果该观众摸到的小球颜色为白色，那么你和该观众都可以获得1万元人民币的奖励。

好，问题来了，在无法与合作观众交流的情况下，你到底要怎么做，才能尽可能地让他摸到白球呢？

你可能会觉得，这场摸球游戏显然属于"随机漫步的运气"，随机漫步的运气无法改变，但我们可以通过改变"运气的运气"来试图改变结果。

什么是"运气的运气"？它是通过上升一个维度，用改变胜率的手段来实现改运的方法。

具体的做法也并不复杂，你可以先将1枚白球放进其中的一个罐子，然后再把剩下的50枚黑球和49枚白球放入剩下的那个罐子。

这样一来，合作观众将有50%的概率去选择只有1枚白球的罐子，那么他摸到白球的概率为100%；同时，他也有50%的概率去选择装有50枚黑球和49枚白球的罐子，那么他摸到白球的概率也能有49.49%。这样一来，整体摸到白球的概率就变成了50%×100%+50%×49.49%=74.745%。

你看，通过提升获奖的胜率，是否就能改变"运气的运气"了呢？

一个人的一生，总有一些关键选择是改变"运气的运气"的选择。这类选择如果能够把握好，将让你比其他人拥有更高的胜率和好运，成为人生赢家。

选择一："大城市的罐子"

如果你本身就出生在北上广深，那么恭喜你，因为你在城市维度上已经领先于很多人；但如果你身处小城镇、乡村，那请一定要趁年轻到大城市见见世面。大城市虽然生活成本高，但能让一个人在三方面提升整体胜率。

第一，见识的胜率。由于大城市人口基数更大，所以无论是商业、科技还是文化艺术设施都必然比中小城镇更完善。一个全球顶尖的峰会如果来中国巡展，一般会挑选人口密度更大的城市。

因此，在大城市，无论你对哪个垂直领域感兴趣、想要深耕发展，哪怕该领域属于极其细分的类目，都可以受益于大城市的聚集效应而轻易找到它们，并获得近距离观察和理解它们的机会，甚至还能与该领域的专业人士交换联系方式，从他们身上持续获得高浓度资讯。

第二，人脉的胜率。我们可能听说过："一个人的收入是跟他关系最好的六个人的平均收入。"所以与精英为伍，你也可能蜕变为精英。与此同时，由于精英们大都会在大城市扎堆，所以前往大城市工作、生活也能令你获得与精英贴身学习的机会，从他们身上学到更优秀的习惯，在耳濡目染之中获得过硬的本领。

相反，在中小城镇，由于生活相对安逸，人类认知偏差中的从众效应也会自然而然地放慢你自身学习、进步的节奏。一方面是成为更优秀的自己，另一方面是成为更安逸的自己。每一个希望有策略地成为更好版本的人，心中早已有了答案。

第三，机会的胜率。为什么大城市机会更多呢？因为机会来自发展，发展来自需求，而需求来自人口。比如，盲盒潮玩为什么能风靡一时？因为在地铁的通勤路上有大量的人流，尤其在下班路上，人流中一定比例的潮玩爱好者一次又一次地看到盲盒机，总有一次会停下脚步，扫码支付69元，期待获得一款稀缺的人偶。

类似的例子还有很多。正是因为大城市有大量的人口，所以每隔一段时间就会出现某种需求小趋势，给大城市里愿意抓住小风口的人以机会。

选择二："多元学习的罐子"

你可能听说过巴菲特有一位"灵魂伙伴"——查理·芒格，这位老人提出了一个叫作"多元思维模型"的理论。芒格提倡，一个人需要不断学习许多学科的知识，从而形成一个复杂的思维模型框架。芒格有一句名言："在手里只有锤子的人看来，世界上全都是钉子。"这句话的意思是说，当你只有一种思维工具的时候，你就只能使用该工具来工作。

比如，我们以前都听过一个笑话：两个农民在农田休息的时候闲聊，畅想当上皇帝是什么滋味。其中一个看了看自己的破锄头说："皇帝锄地应该用的是金锄头吧。"虽然笑话有夸张的成分，但在一定程度上体现了单一思维会让人进入局限的境地。

所以，仅仅只有一类思维模型，一个人能发挥出的作用就是相对有限的，而多个思维模型叠加在一起，就很有可能会出现巨大的效能。

举个例子。治疗癌症的射线会伤害到正常的细胞，可是如果射线的强度不足以杀死癌细胞，那么就不管用，但如果射线强度太大，虽然癌细胞被清除了，正常细胞也会受到损害。

这个问题困扰了医疗界很多年，直到有一个具备消防员思维的医生解决了这个问题。

在消防员的常规操作中，如果有一栋建筑着火了，消防员们会在多个角度用消防龙头同时将水射向建筑物，这种做法就给了医生启发：如果从身体的各个角度发射强度并不大的射线，但最终聚焦在癌症病灶处，是否就能在既不伤害正常细胞的情况下，又能有效地清除癌细胞了呢？以上知识就是伽马刀的原理。

不只是医疗，当一个人脑海中沉淀的思维模型越多，这个人解决问题的能力也就越强。而积累更多的思维模型需要把时间分配在学习这些多元能力上。

具体要怎么做呢？方法就是我们之前讲过的"32千米法则"，给自己安排一个固定的时间，每周学习固定的数量。不用多也不能少，假以时日，再厚的书也能被你啃完，再难的技巧也能通过"结硬寨，打呆仗"的方法被践行且不断内化。当你掌握了一个又一个领域的思维模型，你就得以在具体的场景和困难中调用这些思维模型，拥有更高的胜率应对眼前的挑战。

选择三："资产配置的罐子"

当我们工作一段时间，有了一定的储蓄后，我们总想依靠投资，让钱生钱，赚取"睡后收入"。一部分人选择炒股票，结果被证券市场"7亏2平1赢"（股民中70%亏损，20%不亏不赢，仅10%赚钱）的铁律狠狠地上了一课；另一部分人选择保守理财，购买大额存单，每年只有3.4%左右的年化收益率。

什么是资产配置？它是根据你的投资需求将资金在低风险、低收益的证券与高风险、高收益的证券之间进行分配的一种方式。

最简单的资产配置是"50%债券+50%股票"的组合。因为在不考虑通货膨胀的因素下，债券的年化收益率大约为4%，而股票的长期（5年以上）年化收益率大约为10%。

因此，当你对资产实施了"双50"配置后，你的年化收益率可以维持在7%左右的水准（4%×50%+50%×10%=7%）。

看到这里，你可能会问，既然股票长期的年化收益率能达到10%，为什么我不都去配置100%的股票呢？

因为根据大量的实践表明，股票虽然长期向好，但持有体验很不好。通常在持有的过程中，回撤30%甚至50%都是家常便饭。这就在客观上导致大量投资者由于经受不住市场的波动而造成"高买低卖"的普遍现象。而通过持有50%债券，则可以平抑至少一半的波动。

更何况在采用"双50"配置法之后，每年做一次"股债再平衡"的操作，即规定在每年固定的某一天，卖出一部分占比较大的债券（或股票），并将卖出债券的资金用来买入股票（或债券），使两者重新达到各占比50%的平衡，还能进一步提升年化收益率。

比如，你原本有20万元用于投资，一半买了债券，一半买了股票。假设一年后，恰逢熊市，股票指数下跌了30%，此时股票部分就只剩下了7万元；债券部分享受了4%年化收益，变成了10.4万元。17.4万元的50%是8.7万元，你卖出1.7万元债券用来购买股票，完成了一次再平衡。

又过了一年，当股票指数再次涨回了原点。对只买股票的投资者来说，似乎是涨了个寂寞。但此时，你债券部分的资产为 $8.7 \times (1+4\%)=9.048$ 万元，股票部分则为 $8.7 \times (1+42.9\%)=12.4323$ 万元，总共21.4803万元。为什么是42.9%呢？因为 $1 \times (1-30\%) \times (1+42.9\%) \approx 1$，这才是涨回原点需要的涨幅。

你看，通过年度再平衡的认知与执行，别人2年涨了个寂寞，你却又多了3.63%的额外收益 $[20 \times (1+3.63\%)^2 \approx 21.4803]$。资产配置是一个改变"运气的运气"的有趣话题，你可以在我另一本书《熵减法则》中学习关于资产配置的内容。

第六章

现实中的选择

第一节　幸福：
普通人如何能更幸福

我们每个人都在追求成为更幸福版本的自己，但人们实际正在追求的目标可能又并非"幸福"本身。这就是为什么很多人感叹：如今的物质生活并不匮乏，为什么依旧体验不到太多的幸福感？可是，为什么会这样啊？这就和很多人把"快感、快乐与幸福"混为一谈有关。

快感、快乐与幸福

在我们人类世界中，这三种能让人产生愉悦的感觉特别容易被混淆，接下来我们将一个个来拆解，把它们讲透。

先说快感。

快感是一种通过肉体刺激所产生的愉悦或舒服的感觉，快感所带来的满足感比较强烈，但与此同时，它的半衰期很短，没过多久就消失不见了。

比如，炎炎夏日，你汗流浃背地进入一家冷气十足的餐馆，接待的服务员小姐姐给你端上一杯冰镇可乐。此时，从你用力打开易拉罐铝环，听到汽水"刺"的一声时，大脑就开始分泌出多巴胺；接着，当你把微甜冰凉的饮料倾倒进口腔，二氧化碳小气泡刺激你舌头上的味蕾时，一股久违的爽快就会喷涌而出。是的，这就是快感。

可是，就像我们说的，快感的半衰期特别短，它来得快去得也快。而且，当你喝下第二口、第三口冰镇可乐时，这种瞬时满足感就会迅速递减，直到第 n 口时，快感就趋于平静了。

再来说说快乐。

如果说快感主要来源于外物对人类肉体的刺激，那么快乐则可能更偏向于心理层面的反应。比如，年底时你拿到了高绩效，或者拿到了一笔丰厚的奖金。奖金本身不会给你带来生理上的直接刺激，但它在精神层面能让你产生快乐。

又如，我们为什么喜欢玩游戏，游戏无法带来生理上的直接刺激，但在游戏中，当你杀掉了某个特别厉害的角色，拥有了一件梦寐以求的稀有装备，此时这种即时又随机的反馈能让你的大脑分泌大量多巴胺。于是，为了进一步获得这种满足感，你有可能会继续把时间投入在一轮又一轮的游戏中。

同样，快乐的半衰期虽然大于快感，但总体持续时间也并不长。你肯定有过这样的体会：我们在网上购物，买下一件中意的商品后，通常会满怀期待，尤其在收到快递、打开包裹前，这件商品给予我们的快乐就达到了峰值。而当我们拥有它不到一周，这种快乐感就会逐渐减少，直至为零。此时，喜爱购物的人就会把注意力放在下一件值得期待的商品上。

那什么是幸福呢？

比起快感与快乐，幸福是更持久的愉悦感受。积极心理学之父、美国心理学会主席、《真实的幸福》作者马丁·塞利格曼认为，幸福的本质通常具有五个元素，包括积极情绪、投入感、良好的人际关系、做的事情有意义以及成就感。

由于这五个来自精神层面的元素都是可持续的，因此，幸福的半衰期也会比快感、快乐更长久。

获得幸福的方法

既然厘清了影响一个人幸福感受的五个元素，那么想要去获得它们就变得没有那么困难了。

第一，用感恩和宽恕让自己保持正念。

生活中总有很多糟心事，这些让人不快的记忆蚕食着一个人的积极情绪。你可能在很多地方都听到过感恩和宽恕的力量，也知道为什么感恩和宽恕能给人带来积极能量，但很少有人告诉你感恩和宽恕也是一门技术，它有标准的步骤可循，包括回忆、移情、感恩三部分。

回忆。用尽可能客观的方式回忆某段伤痛。比如，我在之前的章节中，向你提到过，我曾经经历过一次开会宣称年终绩效只有一个"4～5分"，其他人都是"3分"，结果别人都是4～5分，只有我一个人被打了3分的事情，这件事情不是什么大事，但在当时给我留下了很深刻的记忆。

移情。从领导的观点来看，为什么他唯独给我打了3分，却仍旧要在开会时用另一种说法先铺垫一番呢？设想领导如何解释他的这项行为。通过移情，我认为领导可能会想："如果我先给大家一个低的期待，届时再给一个相对更好的结果，那么大多数人都会满意。"

感恩。客观地说，我并不是被针对，很可能只是"高绩效名额"不够用，而当时我在他心中的地位相对靠后的结果。更何况通过这件事情，让我认清了自己在团队中的地位，并且给了我足够的动力到外部寻找机会。这是一次很好的契机，让我成功跨界进入互联网行业，获得了完全不一样的认知。所以在这一点上，我反而应该感恩他。

著名的汉隆剃刀理论认为：宁可相信一个人智慧不够用，也不要假定别人心存恶意。当你通过回忆、移情和感恩重新梳理一件对你造成伤害的事情后，你的心中也更容易激发正念，让你从此转换视角，拥有积极的情绪。

第二，找到能让自己有热情、有投入感的事。

已故的"经营之圣"稻盛和夫曾经有一个著名的公式：人生与工作结果＝热情 × 能力 × 思维方式。撇开能力与思维方式不谈，你对一件事情的热情，即投入感，是决定人生与工作结果非常重要的因素。那到底要怎样才能找到能让自己有热情、有投入感的事情呢？

最简单的方法是给自己做一个假设：假设你现在已经不用为钱发愁了，你每天都有大把的时间，那么接下来你会选择去做一份怎样的工作呢？有些人可能对画漫画来劲儿，有些人一直想成为影评人，还有些人对能拍摄出好的照片有执念。我曾经认识一位内容行业头部公司副总裁，他有一次坦言，想在退休后成为一名足球评论员。

这件事情未必会产生多少经济利益，但如果你找到一件让自己充满热情的事，每天抽出"时间预算"花费在这件能让你有投入感的事情上，就像稻盛和夫说的那样："只要心底热爱，人生就会朝着光明的方向转变。"

第三，与人为善。

很多人的不幸福在于总是希望改变别人，于是就容易产生权力的争夺。每当"权力的游戏"上线时，人性中的恶念就很容易被唤醒，在日常的"金戈铁马"中不断地产生彼此的精神内耗。所以，唯有尽力设法使用策略与人为善，我们才能在工作与生活中既能让事情推进，又能避免在人际的摩擦里消耗自己。

要想做到与人为善有三个具体的方向：第一，改变自己。通过改变自己的信念系统（BVR），即信念（Beliefs）、价值观（Values）和规则（Rules），让自己更容易接受别人。第二，通过做一些具体的准备，比如，事先准备好三个你都能接受的方案，最后让对方从中选择其一，把掌控感留给对方。第三，为自己准备好备选方案，比如，对一个无论如何你都与之气场不合的领导，你在做了各种努力后依旧不见成效，那么为了让自己保持幸福，选择体面地离开她，也是一种理性的选择。

第四，为所做之事赋予意义。

德国社会学家马克斯·韦伯曾说："人是悬挂在自己编织的意义之网上的动物。"所以，一旦你正在做的事情被赋予了意义，那么这件事情做起来就会让人感到幸福。

正如苹果公司创始人乔布斯邀请时任百事可乐总裁约翰·斯卡利时说的那句话："你究竟想一辈子卖糖水，还是希望和我一起改变世界？"正是因为这份意义感，让斯卡利毅然决然地加入苹果公司，与乔布斯共事。

我也一样，写完50本书的这份意义感，激励我每天早上5点准时起床写作，无论严寒酷暑，都雷打不动。所以，如果你还没为自己所做之事找到意义，请尽快找到它。

第五，找到自己的优势，并用正反馈让自己持续获得成就感。

每个人都有自己的优势，每个人都会在某些特定的事情上比别人做得更好。比如，我曾经有一位下属，他当时的职务是生产主管，管理着大约40位生产女工。他对生产线的认知很薄弱，但对编程，以及为生产组长创造简单好用的自动化报表特别擅长。

当我们很多人都开始使用这位小哥编程的自动化报表后，这种正反馈让他获得了持续的成就感。第二年，他就在这条路上启程了，后来成功转岗成为CIM（城市信息模型）工程师，并且还利用业余时间构建了一个失物招领APP，走上了一条副业创业之路。

你看，每个人都有自己的优势，这项优势一开始可能未必显著。但当你在这个优势的方向上乐此不疲地投入心力、脑力、体力，你不仅可能获得技能的长足发展，而且还能在此过程中获得满满的幸福，并在这条路径上越走越远，逐渐成为更幸福版本的自己。

第二节 职场：
快速升级打怪的选择

很多人都会有这样的困惑，他们在职场上已经很努力了，但努力过后却看不到太多正反馈，随之而来的则是焦虑。自己似乎被困在了一个迷局中，日复一日，不知道该如何突破。

如果你也有这方面的困惑，那么本节提示的五个努力的方向，将可能成为你在职场上快速升级打怪的明智选择。

选择一：努力提升自己的成就欲

成就欲是一个人的内在动机，也是一个人得以拿到结果的最重要的特质之一。

很多成功的大企业在招聘中层以上骨干时，面试官首先会判断这位候选人有多大的抱负，这是不无道理的。

我还记得我的一位领导，他在一次项目启动会上说过下面这两句话，深深地印在我脑海中的话：

"不要在项目结束时告诉我，项目没做好，是因为资源少。"

"而要在项目开始时告诉所有人，因为项目要做到，所以要给我这些资源。"

请注意，千万不要小看上面这两句话，正是秉持着这样的成就理念，当时我作为项目负责人在协调各部门资源时充满了底气，甚至在发生资源使用冲突时，我也会充满自信地告诉其他部门的头儿："因为该项目要完成1亿元销售额的目标，您这儿的这项资源是必不可少的。"

事后，同事私下告诉我说，当时我的眼睛是发亮的。也或许由于这个微表情给了对方部门领导以信心，在那次资源协调会之后，部门间的对接就开始变得异常顺畅。

是的，一个人的成就欲是他做出行动的强烈动机。让他愿意为了获得想要的结果而努力，从而提高行动的积极性，离目标越来越近。

选择二：努力提升自己的同理心

光有成就欲显然是不够的，或许你因为运气，在部分时候，用强大的自信打动过别人一两次，但任何人都不可能在任何时候，仅仅用信心去打动所有人。

　　所以，这个时候，第二项需要去提升的特质就很关键，那就是同理心。

　　同理心这个词你可能已经耳熟能详了，但我想告诉你，很多宣扬同理心的内容看完之后并不能带给你实质的信息增量，你仅仅只知道"同理心"的重要，但仍旧无法实际运用。这就如同很多人说"心灵鸡汤只给汤不给勺子"，只知道却无法指导做到。所以本节，我就来给你这把"勺子"。

　　我将这把勺子归纳成8个字：为谁创造什么价值。

　　是的，就是这么简单。我来给你举个例子你就明白了。

　　比如，我的一个同事Alisa，她的升迁速度堪称惊人，在她身上有一个同理心外化的显著特点，那就是在和其他部门小伙伴对接时，Alisa通常都会先问一句："你们部门的KPI（关键绩效指标）是什么？"有些部门考核的关键结果是新增用户，有些是每日活跃数，还有一些则是公司回款收入。

　　这个时候，Alisa就会从对方的角度来和其他部门的同事一起制订一个方案，而这个方案也必然会考虑对方的利益诉求。

　　在这样的思考框架下，对方从没有利益的行为配合者转变成了共享利益的行为合作者，在这种真正实现落地共赢的合作方式下，双方自然都会投入更多注意力和精力，以促进关键行动的按时交付。

选择三：努力积累影响力工具

你可能会说，能实现双赢当然好，但有时候现实就是如此残酷，部门和部门之间、同一个部门的个人和个人之间的博弈有时就是一个"零和游戏"，这是公司大环境的结果，不是一个人或几个人能改变的，这要怎么办？

是的，这种情况的确是我们每周甚至每天都可能在职场中真实遇到的困境，所以在这种时候，你的脑袋里存有足够的影响力工具，就是你提升胜率的关键。

什么是影响力工具呢？

简单来说，影响力工具就是你影响别人的策略。

比如，你可能知道，在一些大企业中会存在一些官僚作风，我曾经服务过的一家公司就是有些官僚作风的企业。

当时我刚入职不久，而我的一位女下属为了买房，需要办理住房公积金贷款工资证明，但她不敢一个人去人事部门，因为人力资源部负责薪酬福利的一位阿姨出了名的"凶"。

清华大学宁向东教授曾经分享过一个公式：领导力=追随力=业绩。如果我不为这位女下属出头，我就无法获得追随力，自然也不配拥有领导力。但由于当时我也刚入职不久，老阿姨也并不认识我，果不其然，我们当天就深深地领教了这位阿姨凶悍的态度，而那位涉世未深的下属站在旁边则吓得一句话都不敢说。

看到这种情况，我稍稍盘点了一番自己的"影响力工具"后，就对阿姨笑着说："上个月公司刚刚发邮件发布了后勤部门的服务意识公告，如果沈总（人力资源部的老大）现在就站在旁边，你还会用这种语气和我们这样说话吗？"然后继续保持微笑，就这么安静地看着她。

她看了我两眼，欲言又止，然后开始在电脑上正常地走流程，完成我们期待她操作的业务。

是的，我的这句话成功地让她联想到公司高层在场的情景，倒逼她现在的行动需要和假设情景下的行为保持一致，暗示她如果不这么做，可能面临更大的风险。

这个影响力工具叫作"依靠更强硬的第三方"。除此之外，更重要的是注重积累"依靠自己的影响力工具"。如果你平时通过阅读或观察别人如何成功影响他人来做积累，你的"影响力工具库"中也一定会存有不少"影响力工具"。它们在关键时候发挥作用，使你能时刻影响他人，时刻成为别人的依靠，与此同时你也积攒了追随力（领导力）。

选择四：努力积累思维模型

如果说影响力工具是术，能够在一对一的情况下影响局部，让形势向我方发生部分好转，那么思维模型则是道，它能通过深度思考，帮助你找到实现业务突破的大方向，让你在更大的全局中取得关键行动、关键项目的更大范围的胜利。

那么，什么又是思维模型呢？

梁宁老师说得好，思维模型就是思考问题的套路。比如，你以前可能听过，线下开店的三个秘诀是选址、选址、选址。这是为什么呀？因为著名的销售思维模型是这样定义的：销售额＝流量×转化率×客单价×复购率。

所以，在过去线下销售场景中，越是闹市区的店铺租金就越贵，越是偏远地区租金就越便宜，它的核心逻辑就是因为闹市区流量大，而偏远地区流量小。

后来电商崛起了，线下就算店里流量仍较大，但有些消费者看到实物心动后会打开购物平台去比价，然后转化就发生在线上了，所以光有流量也活不下去。

再到近几年，线上的流量也越来越贵，那么还有哪里可以作为突破口呢？这时候，再回头看看销售思维模型，发现里面还有客单价和复购率这两个因素可以尝试找找突破方向，于是就又出现了社交电商这种经常让你时不时种草并让你满39元包邮，让你反复购买的新兴商业模式。

以上是销售思维模型总结出来的套路，除此之外还有领导力套路（领导力＝追随力＝定方向×整合资源×凝聚力×以身作则）、品牌套路（品牌＝了解＋信任＋偏好）、消费者信任套路（消费者信任＝了解＋认可＋共鸣）、职场价值套路（职场价值＝能力－沟通成本），等等。

你脑中的思维模型越多，做出决策就越有依据，你的决策正确率自然要比其他自创招法的人要高上不止一点两点。因为后者就算正确，也可能是重复制造轮子。而你却不仅用前人的思考帮你直击问题的本质，更是站在巨人的肩膀上，继续前行。

选择五：努力提升自己的抗击能力

抗击能力指心理能量充沛，是你遇到瓶颈时，继续保持情绪稳定、保持乐观、持续行动的关键能力。

当你有了前四项特质后，你能大大增加在职场中打赢大仗、小仗的胜率，但并不意味着你必然能取得关键结果，赢得关键胜利。就像我们用一个章节讨论过的，胜利很多时候还需依靠运气。

　　而在运气来临之前，抗击能力（心理能量充沛）则是你再次组织前四种特质，继续完成当前项目或者下一个项目的门票。

　　例如，职场升迁是对项目胜利者的犒赏。如果你拥有这第五项特质，而且你行动的速度又特别迅速，那么恭喜你，因为这种犒赏，终有一天将落在你的头上。

第三节 财富：
实现财务自由的选择

财务自由的重要性自然不言而喻，但很多人仅仅把它概念化了，以至于很多人并不清楚它意味着什么，因而也没有人真正有动力去研究和学习如何实现财务自由。

在我的认知中，财务自由不仅可以让你拥有不想干什么的时候就不干什么的底气，而且还能让你在想要去体验不同人生的时候完全没有后顾之忧。

财务自由之后的规划

我曾经就规划过，在实现财务自由之后会选择先去瑞士生活一段时间。为什么是瑞士？因为这个国家可以满足不少普通人对美好生活的向往。

在瑞士，你可以只在一天的时间里就能感受一年四季的变化。

早上，就如同春季，你可以穿梭在宛如童话般的建筑物里散步；中午，犹如夏天，远处有不同颜色的牛低头吃草；临近傍晚的小路仿佛秋天，我结束了一天的写作，从长椅上回到住所；而远处的阿尔卑斯山白雪覆盖，就像冬天，太阳缓缓落山宣告着一天的结束。

3个月后，如果厌倦了瑞士的生活，我们可以回到国内，回到更有烟火气的城市，以月为单位，在不同城市的民宿中生活。同样一边写作，一边遍尝美食、遍览美景，在不同的地方乘兴而来，兴尽而返。

是的，这就是我理想中财务自由之后的规划，生活中依然有工作（写作），写作的灵感也来源于生活。

但是我希望实现这样的生活方式不要太晚。因为一旦年纪太大，身体可能就无法支持自己在异乡体验美好生活。因此，时间最好不要超过49岁。

这是我的规划，不知道你是否心动？如果你也能在49岁之前实现财务自由，这样的生活是不是很美好呢？当然，每个人的偏好未必一样，不过你也可以选择一种不用考虑金钱、心之向往的生活方式。

财务自由需要多少钱

很多人读到这里，会觉得理想很丰满，现实很骨感。要实现这样的生活可能要有极为深厚的家底才行。可是，事实真的是这样吗？

我在《熵减法则》中曾经说过，财务自由并不像普通人想象的那样，需要几千万元甚至上亿元才能实现，你只要估算好自己每个月的花销，再配上10%的年化收益率，就能妥妥地实现不同档位的财务自由。

比如，对我来说，如果要实现我在前面描述的生活方式，只需要实现财务自由的第三档，即财务独立就达成目标了。

财务独立需要多少钱呢？答案是：515万元。

515万元是怎么来的呢？因为如果按国际通胀警戒线3%来计算，同时假设长期能做到平均每年10%左右的收益率。那么515×（10%-3%）≈36万（每年的被动收入），即每个月有3万元（按2022年中国人民币的购买力）可用于消费。

只要生活不奢靡，享受平凡的幸福，财务独立的水平足以支撑一家人还算不错的开支了。

而且，如果你想要提早退休，也可以选择财务自由的第二档，即财务活力（每个月有1万元可用于消费），同样可以满足你在国内二、三线城市质量并不低的生活。

按照相同的算法，财务活力对于资产的要求比财务独立低不少，只需要有172万元（172×7%≈12万）的存款即可达标。

好了，读到这里，你一定想问两个问题：

第一，如何拥有172万元，甚至515万元的存款?

第二，怎样才能做到长期10%的平均年化收益率?

第一个问题，除非你已经是个成功的创业者，可能可以从创业的历程中赚到自己的第一桶金。否则，你只能和我一样，在职场与副业中设法缓慢地积累你的财富。

第二个问题，这就是接下来我要和你详细讨论的内容。

在向你详细地介绍具体的方法之前，我想先和你同步三组曾经给予我强烈信心的数据。

第1组数据：1802—2002年，共计200年的美国四类资产年化收益率。

黄金年化收益率：2.1%；

短期国债年化收益率：4.2%；

长期国债年化收益率：5.2%；

股票年化收益率：8.1%。

这些数据表明，虽然股票类资产短期会存在巨大的波动，但如果拉长时间周期来看，它长期是向上的，并且收益情况也是四类资产中最高的。

第2组数据：沪深300指数和中证500指数长期年化收益率。

从2004年到2020年，沪深300指数年化收益率为10.87%。同期，中证500指数年化收益率为12.26%。

以上数据表明，股票指数长期向上并非美国的特质，在发展迅速的中国，我们可以获得更高的年化收益率。

第3组数据：沪深300指数与中证500指数的年化收益率。

从2015年7月（股票指数高点）到2020年年末，沪深300指数定投（每月购买相同金额的股票），年化收益率为9.6%。同期，中证500指数定投年化收益率为1.9%。

从2018年年末（股票指数低点）到2020年年末，沪深300指数定投年化收益率为14.2%。同期，中证500指数定投年化收益率为9.3%。

以上数据表明，在时间较短的区间内，配置股票类资产是可以提升年化收益率的有效方法。

看完了这三组数据，我们不难得出以下结论：

第一，只要相信祖国的发展，并且在股票指数中待足够长的时间，我们必然可以享受祖国繁荣富强而带来的年化收益。

第二，只要我们有一定的眼光，能看清何时是股票指数的高点，何时又是股票指数的低点，我们就能在享受长期向上的过程中，额外地享受到因"择时"而带来的红利。

好了，下一个关键问题又来了。

如何准确做到"择时"？

两个有效的择时方法

方法一：鸡尾酒会理论。

这是一种从大势上预估股票被高估还是被低估的方法，提出者是传奇基金经理彼得·林奇，他在掌管麦哲伦基金的13年期间，年化收益率高达29%，比巴菲特老爷子还高出9%，不可谓不传奇。

林奇的鸡尾酒会理论分为四个阶段：

阶段一：绝对低估。

具体的场景是这样的。在一个鸡尾酒会中，大家都知道你是投资专家，同时酒会里还有一位牙医。别人都躲着你，不愿和你说话，他们都围着牙医转。这时你就能判断股市是绝对低估了，因为人们宁愿咨询牙病也不愿意谈论股票时，说明股市已经探底，不会有再大的下跌空间。对标国内，办公室里大家都知道你喜欢投资，中午午休时或者下班路上同事们不喜欢听你说股票、基金的事，这显然就是阶段一的绝对低估期。

阶段二：比较低估。

在这个阶段，鸡尾酒会里的人可能会和你抱怨一下最近的股票很差，不过只是简单地聊上几句就跑开去找牙医了。此时就说明整体市场虽然比较低估，但转折点很可能就快来了。所以，如果现在抄底买入，很可能就会获得比较好的效果。同样对标办公室场景，同事们会主动找你聊几句有关股票、基金的话题，但浅尝辄止，这也预示着阶段二的到来。

阶段三：相对高估。

在相对高估阶段的时候，酒会里的人们会虚心向投资专家请教，让专家推荐投资标的。此时，牙医已经不吃香，而投资专家显然就成了鸡尾酒会上众星拱月的焦点人物。午休时或者下班路上，同事们纷纷让你指导、点评自己买的股票、基金，你也能基本判断此时已经是阶段三。

阶段四：绝对高估。

当绝对高估时，由于大家都有很不错的浮盈，所以鸡尾酒会里的普通人都开始给投资专家推荐股票，人人都开始指点江山。这种现象一出现，说明市场已经很危险，很可能没几周就要迎来至高点到达后的大跌。办公室里，平时最保守的同事都已经买起了股票、基金，人人都忍不住告诉你自己买的投资标的有多好，赚了百分之多少。此时，一定知道该怎么做了吧。

1929 年的时候，石油大亨洛克菲勒就遇到过类似的场景。当时，马路上有专门给路人擦鞋的小孩。这个孩子一边给洛克菲勒擦鞋，一边向他推荐股票。洛克菲勒一滴冷汗从背后流淌下来，赶紧把所有股票清仓，有效地避免了几个月后的股市崩盘和美国历史上最可怕的股灾。

方法二：历史百分位。

在移动互联网与大数据时代的今天，除了从周围人的情绪来判断高估还是低估，我们还能借助网络与大数据技术，从历史百分位的角度来评估股票指数的高低。

如果沪深 300 或中证 500 指数位于历史百分位 70% 以上的位置，虽然后续可能还会有一波上涨，但显然属于高估，此时，就可以逐渐地把股指类权益逐渐卖出，换成债券类收益。而倘若这两个指数位于历史百分位 30% 以下的位置，尽管在未来一段时间内依旧可能下跌，但此时分批地将债券类权益或现金换成股指类权益，则是非常明智的选择。

关于股指类历史百分位的数据在各大金融类 APP 上或很多知名金融媒体上都会有，只需稍加搜索，就能很快地找到它们。

第四节　健康：
长寿目标的选择

当我们实现了一定水平的财务自由时，影响我们成为更佳版本的自己的一个重要因素就是健康。

曾经有一种说法，说出了很多人身上普遍存在的一个现象：上半辈子用命换钱，下半辈子用钱换命。所以，千万别因为用力过猛或者由于不良习惯而导致自身的健康受损，也不要因为自己缺乏认知或持有错误的认知而导致自己的健康情况无法挽回才追悔莫及。

因此，如果你能在读完本节内容后去践行，那么你活得更久的胜率将可能获得显著提升，你在年纪更长的时候，也更可能获得身体自由。

避免掉入身体糟糕的平行宇宙

巴菲特的合伙人查理·芒格曾说："如果我知道自己将来可

能死在哪里，我将永远不会前往。"这其实就是一种"事前验尸"思维，即在坏事发生前，通过问自己几个问题来发现问题，从而采取措施，防患于未然。

比如，你可以这样问：如果我将来身体情况发生恶化，可能会来自哪些疾病呢？通过这个问题，你在网上可以很轻松地查到，人类健康有两大杀手，分别是心脑血管疾病和癌症。

好，接下来第二个问题来了。诱发这两大疾病的原因有哪些？如果要避免两大疾病在未来某些平行宇宙中发生，那现在我需要采取一些什么样的行动呢？

于是，你的思路将开始进入阻断糟糕事情发生的轨道，通过倒推的方式，进行一系列把活到100岁作为目标的选择。

避免落入心脑血管疾病的平行宇宙

心脑血管疾病为什么是头号杀手？这其实和人类的基因有关。在250万年前，原始人以捕猎、采摘为生，经常过着饿一顿、饱一顿的生活。在很多原始人中，有些人的基因发生了突变，他们更喜欢高脂肪、高蛋白和高盐。

这些人由于积蓄了大量的能量，获得了更多生存的可能，而且身体中高盐的储备，还能让他们在面对凶猛野兽来袭时，通过血压上升、拥有更强的奔跑能力来逃生。久而久之，这一脉的基因存活繁衍，直至今日，我们现代人就延续了高脂肪、高蛋白与高盐的偏好。

在丰饶的环境下，我们因基因的偏好摄入了过多的盐和糖，同时体力活动又大幅减少，这才让这些过多摄入的物质沉积在血管中，造成血管狭窄，甚至堵塞，从而诱发人类的心脑血管疾病。

如果要避免落入心脑血管疾病的平行宇宙中，我们可以分为三步走。

第一，定时评估自己的情况。

现在由于网络发达，一些自我评估可以非常快速地完成，比如，有些医院会有些评估模型，你只需要输入自己的年龄、地址和一些体检信息，就可以非常快捷地辨识自己的心脑血管病患病风险。

第二，合理化你的饮食结构。

《中国居民膳食指南（2022）》建议，碳水类食物应当占总体热量供给的50%~65%，脂肪类食物占比20%~30%，蛋白质类食物占比10%~15%。医生还特别指出，很多人误以为应该尽可能减少脂肪摄入，这是非常错误的观念，因为大量医学证据表明，长期保持极低脂肪摄入，各类疾病死亡率都会增加。因为当我们在饮食上走极端的时候，很容易造成身体协调机制的紊乱。当然，脂肪摄入也有讲究，诸如红肉、牛奶等饱和脂肪酸，需要控制在总能量摄入的10%以内。

第三，合理化你的运动。

所有血脂管理指南都会建议你，每天进行30分钟以上中等强度的运动。什么是中等强度的运动呢？你可以购买一块心率手环或手表，监测你的心率，运动能将心率维持在110~140（每个人略有差异，通常健康APP会根据你的身体情况给予范围）即可，比如，跳绳、椭圆机、快走都是非常合适的中等强度运动。我自己通常会在地铁到公司的路上快走，然后第一个到达办公室之后，跳10组绳，每组100个，完成每天的运动目标。这样既节约时间，又不会感觉特别累。

避免落入癌症的平行宇宙

癌症是一种恶性肿瘤，这种肿瘤会掠夺身体的营养，不受控制地疯狂生长，甚至还会从一个器官转移到另一个器官中。由于现代医疗还无法完全战胜癌症，尤其难以战胜发现得晚的中晚期癌症，因此，癌症也总是被人们称为绝症。

那到底要如何尽可能避免落入癌症的平行宇宙呢？要回答这

个问题，我们首先需要知道癌症病发的原理。

根据《癌症传：众病之王》的作者、肿瘤学家和普利策奖获得者悉达多·穆克吉的研究，癌细胞的出现主要由于基因突变。

我们都知道，人体细胞每天都在分裂，当分裂到一定的数目后，哪怕基因突变的概率很低，也必然会有某些细胞发生基因突变。突变的基因在细胞中不断积累，当积累到一定程度，原癌基因就可能被激活，从而转变成拥有大量突变基因的癌细胞。癌细胞具有快速生长的能力，因此它会生长得特别快。而有些突变的癌细胞还有运动的能力，所以它会发生转移。从基因突变的角度来讲，得不得癌症取决于运气。

那按照墨菲定律，即小概率事件，无论概率有多小，只要发生的次数足够多，就必然会发生。那为什么有些人终其一生都没有得癌症呢？这就是诱发癌症的第二个关键因素——免疫能力。

美国免疫学家、圣路易斯华盛顿大学副校长迈克尔·金奇通过研究发现，在正常情况下，人体的免疫系统会时刻检测身体内的细胞环境，一旦发现癌细胞出现，就会迅速组织力量，前来"清除"癌细胞。所以，尽管癌细胞会时不时地因基因突变而出现，免疫系统也会如同打地鼠一般，"看"到癌细胞就"狠狠地敲上一榔头"，把癌细胞干掉。

但凡事都有例外，有些基因突变的癌细胞也有一定概率逃过免疫系统的检查，更何况当人体免疫能力低下的时候，免疫系统未能清除癌细胞。在这些情况下，癌细胞就会暗中生长，直到免疫系统已经无能为力。

尽管癌细胞是否会出现，以及癌细胞能不能被清除都有运气的因素，但人类依旧会尽可能降低基因突变出癌细胞的可能性。

你可能听过一个转化公式：转化数量＝总数量 × 转化率。

借鉴该公式，在癌细胞基因突变的场景中，癌细胞的转化数量＝细胞更新数 × 基因突变率。

对于基因突变率，我们暂时无能为力，但我们可以从细胞更新数入手。比如，幽门螺杆菌会持续攻击胃部细胞，引发胃炎，大量细胞在死亡后，人体的代偿机制就会启动，促使干细胞加速分裂，以补充死亡的细胞，从而防止胃出血、胃穿孔的发生。

但正是保护我们的代偿机制会让细胞更新数急剧上升，在基因突变率没有显著变化的前提下，癌细胞的转化数量自然也会随之增加。

所以，从预防胃癌的角度来讲，根除幽门螺杆菌是一级预防措施。相同的逻辑，从预防各脏器癌症的角度来说，防止炎症，防止反复刺激脏器，以致细胞更新数急剧上升，也是降低癌细胞转化的有效方法。这也是为什么，我们要尽可能远离幽门螺杆菌（胃癌）、烟草（肺癌）、黄曲霉素（肝癌）、槟榔（口腔癌）的原因。

除了远离引起癌症的刺激源，防微杜渐也是一条思路。北京大学临床医学博士、北京大学第三医院危重医学科副主任医师薄世宁老师指出，所有严重的慢性疾病并不是突然发生的，而是突然发现的。比如，结肠癌，从一个息肉慢慢变成癌症，通常需要15年。但人们往往是等到肿瘤把肠子堵住了才去做肠镜检查，此时已经回天乏力了。我们之前介绍过的奥黛丽·赫本死于结肠癌就是这种情况。

所以，每隔一段时间认真做体检，尤其做你以前可能从来没有做过的胃镜、肠镜等主动筛查，是非常必要的。毕竟，越早发现，越早干预，存活下来的概率也就越高。

最后，为了避免筛查出大病心疼钱，不舍得治疗，平时花些小钱配置医疗健康保险，则又能为你以健健康康奔着100岁为目标，增添一份保障。

第五节 亲密关系：
家庭和睦的选择

　　一个人的人生是多维的，亲密关系就是多个维度中非常重要的维度。但无论男女，如果没有经过学习，缺乏经验和技巧，只是依靠本能去爱，那么亲密关系中的擦枪走火可能就在所难免。

　　法国哲学家卢梭的这句话就很精辟："虽然被屋顶上偶然掉下来的瓦片砸到会很痛，但被一颗向你蓄意丢来的小石子砸到更痛。"亲密关系专家、浙江大学应用心理学博士陈海贤老师还在这句话后面补了一句："如果这颗小石子是由爱人丢过来的，这种痛苦还会加倍。"

　　那作为亲密关系中的一方，到底要怎么做，才能让家庭保持和谐呢？继续使用"事前验尸"的技巧，我们先来看看不和谐的家庭通常会发生怎样的情况。

三类不和谐模式

第一类：热战模式。

热战模式是家庭场景中最常见的类型。比如，妻子加班回到家，看到丈夫在沙发上"葛优躺"玩游戏，扔下包顿时就火冒三丈："你就知道打游戏，我加班加到现在连饭都没吃上一口！"

丈夫也很委屈，因为他刚刚收拾好房间，才坐下来放松没多久："我也很累啊，你怎么就不知道换位思考一下？你看平时房间那么乱，都是谁收拾的？"

妻子听了之后更生气了："说到收拾房间我就来气，上次厨房油烟机上那么厚的油，让你擦，一个月了你都不去擦，还是我后来双休日专门花时间来擦的！你看谁家这种粗活是女人来干的！"

丈夫也生气了，放下手机站起来："上个月电灯坏了不是我换的吗？换灯泡我经过你提醒了吗？"

……

你看，这种因为鸡毛蒜皮的小事而引发家庭热战的模式屡见不鲜，通过反问、挖旧账等方式向热战的熔炉里添柴加薪，很多亲密关系就是在彼此的热战中造成了互相伤害，直到遍体鳞伤依旧走不出热战的循环。

第二类：追逃模式。

追逃是亲密关系中另一种典型的矛盾模式，主要表现在一方在主动地表达愤怒的时候，另一方则选择被动地逃避。

比如，妻子在教小孩做作业不耐烦的时候，突然看到正在一旁看着手机傻笑的丈夫，然后就开始指责："娃不懂事就算了，你这个男人怎么也不懂事，每天就知道刷短视频看手机！"

丈夫不想吵架，也不说话。妻子就继续追着说："你看你，为什么闷葫芦半天憋不出一个字，总是拒绝沟通呢？"妻子越说越来劲儿，说到最后丈夫放下手机，默默地走出门了。

在追逃模式中，由于其中的一方说了话但得不到反馈，于是就企图用更严厉的措辞或者更大的音量来获得反馈，但在另一方看来，你越急迫着想要追，我就越想赶紧逃。所以在这种模式中，从选择沉默到选择离开现场就成为被追方的选择。

在亲密关系中，当追逃模式变成了彼此互动的应激式反应，那么家庭和睦就越来越容易成为泡影。

第三类：冷战模式。

冷战，也称冷暴力，它是以冷淡、轻蔑、疏远、漠不关心等表现形式，在精神和心理上给对方造成持续伤害的行为。在冷战中，虽然表面上听不到争吵，但这种貌似平静的水面下却暗潮汹涌，在空气凝固般的气氛中，隐藏的其实是对彼此更深的伤害，犹如钝刀子割肉一般，令彼此产生精神内耗。

冷战中的夫妻会不自觉地减少各类肢体接触，有些甚至连眼神交流也会选择刻意地回避。在冷战期间，经常会看到妻子躺在卧室床上刷手机，而丈夫则是坐在客厅沙发上关注自己感兴趣的内容。在有孩子的家庭中，小孩成为父母的传声筒，孩子在传话的过程中，也会非常煎熬。

在冷战模式中，双方通常都保持缄默，都期望对方能率先低头认错。可是，这种等待往往又没有结果，这就让冷战的时间越发漫长，难以忍受。

不和谐模式的本质与解法

首先说"热战"，它的本质是情绪失控。

因为在亲密关系的互相指责中，一方的语言很可能会激怒另一方，于是被激怒的一方就会使用更激烈的语言开启自我防御的应激状态。而另一方看到对方摆出战斗姿势后同样不甘示弱，于是就会令事态升级，继而进入"我刺激你，你又反过来刺激我"的负能量增强回路中。

要想走出"彼此刺激"的热战回路也并不困难，只要设法掌握非暴力沟通的语言范式，就有很大的可能可以把彼此从负能量增强回路中解脱出来。

具体的做法也并不复杂，总共分为三步。

第一步，说事实。事实是对一般客观事情的陈述，陈述事实不容易激化对方的敌对情绪，却能及时有效地同步信息，触发同理心。比如，妻子加班到家，看到丈夫躺在沙发上玩手机，就可以说："亲爱的，我刚加班回到家，路上堵车堵了1个小时。"

第二步，说感受。感受是一种观点，是讲自身的主观情绪。和指责对方不同，通过说出自己的感受可以让对方了解到你的内心世界和真实想法。比如，妻子可以接着说："我现在感觉又饿又累。"

第三步，说请求。很多夫妻不愿意把自己的请求直接说出来，想要让对方去猜，甚至觉得自己的另一半就是应该熟知自己的想法。但真实的情况是，就连自己有时也可能不清楚自己的诉求，更何况是一个完全独立在外的人。所以，妻子如果想休息一下，就可以这么说："我想先在沙发上躺一会儿，你能帮我去煮一碗面吗？"

你看，在进行了"事实"与"感受"的铺垫后，直截了当地陈述自己的"请求"，是不是更不易激发对方的负面情绪，更有利于事情的解决，从而避免无谓"热战"的发生？

再来说"追逃"，"追逃"通常是从"热战"演化而来的。

在"热战"后期，一方由于精神能量不足，担心自己正面迎击会让彼此重新回到"热战"耗能的状态。于是，其中的一方就学会了"逃避"。

但原以为躲避可以节省能量，却忽视了"没有反馈犹如深渊"的威力。因为自己的躲避非但没有让另一半的穷追猛打停止，反而引发对方想要用更猛烈的力道来获得反馈的反应。如此往复，一个想逃，一个要追，结果越追越逃，越逃越追。

所以，"追"的本质是对反馈的渴求，而"逃"的本质则是对给出反馈的恐惧。

想要破解"追逃"局面其实非常简单：追者停追，逃者停逃。

当一方"追"来时，"逃"的一方就要设法勇敢地直面问题，解决问题。比如，妻子指责丈夫为什么不管难管的娃，丈夫就可以选择放下手机，主动出击，去研究娃到底怎么了：是计算题不愿意写步骤的态度问题，还是题目太难、不会做的能力问题？

而当看到一方开始"逃"了，"追"的一方就不妨先停下进一步"追"的步伐，审视自己的沟通模式是否能达成自己想要的结果。然后可以选择换一个场景，用事实、感受、请求的方式把问题重新沟通一遍。比如，妻子可以和丈夫说："这孩子做一道题要15分钟（事实），我觉得他是想偷懒不写步骤（感受），你一会儿能不能给他做一些示范（请求）？"

只要把前因后果和诉求描述清楚、好好沟通，对方才知道要怎么来配合你。

最后，我们来看"冷战"，"冷战"的本质是双方不再愿意产生感情连接了。

这是非常可怕的。试想，曾经热恋的双方不再有意愿和对方拥抱，甚至连一句话都不想和对方说了。但随着时间的推移，当情绪逐渐地归于平静的时候，亲密关系中的一方或者双方也会有重归于好的意愿。

那么，到底要怎么做，才能把彼此从"冷战模式"中解放出来呢？这里需要做分类讨论。

一类是比较轻微的冷战，可能只有半小时，顶多几小时。这时，一个行之有效的选择是其中的一方把脸贴到对方的脸上摩擦。因为根据具身认知的原理（生理体验与心理状态之间有着强烈的联系，只要优先做出亲密的举动，生理体验就会"激活"心理感觉，双方能重新亲密起来），当做出这类亲密举动时，彼此身体内部会分泌催产素，它能有效地降低人体内的压力水平，继而有利于彼此重归于好。

但另一类比较严重的冷战可能持续的时间已经比较久了。此时，一个突如其来的脸部摩擦非但无法达到重归于好的目的，反而还会引发反感。此时，选择进行一场深度的沟通就非常必要。

　　哪怕在这场沟通中，"冷战"会向"热战"过渡，但这恰恰是一个积极的信号。因为它标志着由于"冷战"不再连接的两个人又重新开始有了连接。把彼此内心的想法都摊在台面上，把一团乱麻的情绪重新梳理清楚，把心结解开，那么两人就有可能如同电脑重启一样，把彼此的情感重新连接起来。

　　亲密关系并不是简单的事情，如果想让彼此进入一个和睦的平行宇宙中，就像陈海贤老师说的那样："爱，需要学习。"

第六节　薛定谔的猫：
从此刻开始新的人生

很早以前，我看过一部叫作《蝴蝶效应》的电影。影片中的男主角可以通过阅读过往笔记的方式，穿越回到过去的某个关键节点，做出不同的选择，采取不同的行动。而这个小行动就如同"南美洲亚马孙河流域热带雨林中的一只小蝴蝶，它偶尔扇动几下翅膀，结果可以在两周以后引起美国得克萨斯州的一场龙卷风"一样，引发了一系列意想不到的后果。

每个人的一生都会在很多时刻有这样或者那样的不同选择。小到你和领导或者你与孩子沟通时使用了不同的策略，做出了不同的约定；大到当你手上握有几个不同Offer时，最终选择加入哪家公司，认识了哪些不同的人，从而产生了不同的化学反应，与他们发生了不同的故事。

所以，在我30多年的人生中，经常会思考，如果在某个节点，如果当时我做出了另一个选择，现在的生活会有什么不同？

少有人爬的坡

我的第一份工作是通过父辈的关系，在稀里糊涂中进入了当时国内最大的芯片代工企业。我在这家企业一干就是5年。不能否认，大企业的培训体系比较完善，我在其中学到了很多系统方法，它们在我的认知框架中铭刻下了不可磨灭的烙印。可是，成为一个企业机器中的螺丝钉，以后成长为更大的零部件，这真的是我想要的人生吗？

一个契机，迫使我看到了一条崭新的路。2008年，金融危机席卷全球，作为一家代工厂，订单量锐减，企业决定降本增效，实施强制休假，降低用工成本。我在"危机"当中看到了"机会"，因为工资减少后，我的机会成本也变小了。

于是，思考了一段时间后，在2009年7月7日下午，我鼓起勇气，走进了领导办公室，向他提出了离职的请求。领导是一个新加坡人，平时戴着一副厚重的黑框眼镜，他抬起头看着我的眼睛，问我："圣君，你想清楚了吗？"我感觉自己抿了一下嘴，然后重重地点了点头。

现在看来，当时的我就是一只薛定谔的猫，在走出那间办公室之前有两种可能：要么被领导成功地挽留，要么从此踏上一段全新征程。平行宇宙从此刻开启，裂变为两段完全不一样的人生。我目前所在的平行宇宙正是其中的一个。走出办公室后，我开始了离职前的年假使用模式，开始捣鼓起创业的内容。

但创业九死一生，3个月的时间，由于缺乏经验，创业很快就失败了。而我的老东家有一个非常有趣的传统：欢迎过去离职的员工回去，但仅限一次。于是，我又选择回到了原来的岗位。看起来创业创了个寂寞，但之前的直属上司却说："圣君，你这次回来后，我感觉似乎换了一个人。"

这就是当时出去创业的决定和践行带给我的切实变化，让我从一个被动接收行动指令的执行者，开始拥有了思考的灵智，能够切换到一个经营者的角度，开始去探求一切问题的本质。

后来，我读了很多书，认识了不少更有智识的人。扩大了认知边界后，我才知道，正是从那时开始，我抵达了我们在之前的内容中讲到过的人类认知水平的四个阶段中的一个阶段，即"愚昧之巅—绝望之谷—开悟之坡—平稳高原"中的"绝望之谷"，成为邓宁·克鲁格效应的提出者大卫·邓宁教授口中少数能开始爬上"开悟之坡"的"开窍之人"。

成为"开窍之人"

是的，就像邓宁·克鲁格效应所说的那样，这个世界上90%

以上的人都位于"不知道自己不知道"的愚昧之巅。他们活在自己的低维世界中，由于不知道自己不知道，所以内心自洽而固执，周围的人很难唤醒他，直到他受到某个"刺激"从内部打破自己。

这个"刺激"可能是某次创业失败，也可能是被领导用言语狠狠地冲击了一次，又或者是被以前的老同学、老朋友弯道超车，迎头赶上。但正是这个"刺激"产生的"疼痛"，让人感受到了危机感，于是，终于跌入"知道自己不知道"的"绝望之谷"。

绝望之谷无疑是焦虑痛苦的。在我的创业项目被某易通过规模化软件挤压出市场后，痛苦的不只是我，甚至我的妻子也感受到了巨大的压力，我在上班前会把自己关在卫生间里哭泣。你看，"开窍"伴随着疼痛，是受伤，但伤口也恰恰是光能照进来的地方。此时，在这些受到刺激的人当中，有一部分人就会开始走上"开悟之坡"。

没错，当我发现自己的能力匹配不上自己的期待后，我开始疯狂地读书、听课，做好行动计划，期待能从外部获取营养、提升认知，从行动过程中获得反馈、收获体感。当然，真正能读进书、完整听完课程的人是不多的。我身边有很多人都是买书买课如山倒，读书听课如抽丝。更何况真正能践行行动计划、持续推进的人就更少了。

所以，最痛苦的人，其实是开始思考却行动不起来的人。

人们为什么行动不起来呢？因为进化论让大脑天然更爱节约能源，所以"躺平"会变成人们挂在嘴边，用来自嘲、缓解焦虑情绪的词语。人们在焦虑与躺平的自嘲中止步不前，客观上就形成了拖延症。拖延症的本质是大脑趋利避害的短视，是踌躇不前的风险厌恶，还是安于现状的胸无大志。

所以，"知道"离"做到"的距离才会如此遥远。通晓很多简单道理的人唯有行动起来，才能真正过好这一生。

接下来就是"持续行动"，去不断试错。让我们来看看那些弯道超车的人，他们到底是怎么做到的呢？真相很残酷，却又很真实。多数没有伞的孩子才会在大雨里拼命地奔跑，只有少数有伞又能放下伞的人才不会被伞的阻力拖累，从而逆风前行。上帝会掷骰子，概率论鼓励不断用践行试错的人，因为只有这样才能获得"连续行动的运气"。

就像我们曾经说过的，29次尝试后，一件失败率高达90%的事情，也会有95%的可能至少做成一次（90%的29次方约等于5%，1-5%=95%），更何况试错本身获得的反馈还能让人提升思考能力，而且失败的经验能进一步降低失败率和减少试错次数。

不过，此时可能又会有人说："不对不对，你说得不对。'一命二运三风水，四积阴德五读书。'"醒醒吧，我们真正能掌控的部分很少很少。但这些"很少"有可能决定我们一生的发展。我们需要做的是把这部分做到极致，把剩下的交给老天。

用平静接受我们无法改变的，用勇气全力改变我们可以改变的，用智慧分辨两者的不同。

善战者，对过程苛刻，对结果释怀；善战者，尽人事，听天命。

所以，对所有人来说，一生中可能会遇到很多不公平的事情，但有两样东西特别公平，那就是注意力和时间。你的注意力放在了美食、酒精或者手机上，对酒精、手机上瘾，你能收获"快感"或"快乐"；你的时间花在某个具体能力的精进上，一段时间后，你能收获的，是在这个方向上的结果，你能收获这种有意义的"幸福"。

拿我自己举例，自从走上"开悟之坡"后，我第一阶段对自己的要求是每周至少保持阅读的习惯，而到了后阶段则变成了每天至少完成500字写作，每年出版至少1本书。做到"日拱一卒，偶尔猛进"，这是一个循序渐进的过程。当我出版到第29本书的时候，可能会有1本在这个世界上留下足迹，而当完成第50本书的时候，这个概率应该会更大。

所以，你也可以把这本书想象成一个薛定谔的猫的盒子，而你就是盒子里的这只猫。一种可能，这本书只是无数本普通的书之一，它无法给你带来任何智识和行动上的改变，你只是阅读了它，觉得有些部分说得有些道理，仅此而已；而另一种可能，这本书激励到了你，让你也选择从此刻爬上"开悟之坡"，从最小的行动开始，向着"平稳高原"一步步前进。

最后的话

最后，我想说，如果你还在迷茫，说明你缺少一个刺激的触动，本书或许会成为你的起点；如果你在人生谷底，也不一定是坏事，因为不远处，极可能即将是你开始思考和行动起来的地方；如果你正在拼命地奔跑，请一定要加油，因为多思考能让单次失败的概率下降，多行动能让整体成事的概率提升。

是的，这本书已经接近尾声了，但对你来说这只是开始。《活出生命的意义》中曾经有一句话打动过我，我也希望能打动到你，"人，永远可以在任何时刻做出选择"。

所以，无论你现在是谁，不用焦虑，也不要着急。因为"结硬寨，打呆仗""慢慢来，比较快"。

我相信，你一定能通过对胜率、赔率、下注比例的理性思考，用对标法则、鲁莽定律和导航思维先试错；在构建好反脆弱性与自我复杂性的同时，规划好自己每天"前行32千米"的标准动作；从拥有基础版"连续行动的运气"到支配高级版"心智定位的运气"；最后，通过每一次有策略的选择与笃定的践行，在生活与工作的各类场景中，成为你理想中的模样。

这是我写完的第8本书，根据完成50本书的目标，完成度为16%。

苏东坡晚年曾经留下过一句话，叫作"着力即差"，意思是，一个人，如果过于追求某个事物，求胜心切，导致用力过猛，失败的可能性就大。所以凡事需要慢慢来。

写作这件事情，我要特别感谢曾经出现在我的生命中的几个人，是你们把我带到了这个"成为作家"的平行宇宙，让我每天醒来，都能通过一点一滴的努力，得以享受写作的乐趣与成果，把知识传递与分享给读者。

第一个人，是我的父亲何权森。在我小学四年级写不出作文《猫》的时候辅导了我，不仅让我得到了高分，而且还让当时年幼的我知道了什么叫作"细节描写"，令我首次在写作这件事情上获得了正反馈。

第二个人，是我初中时候的班主任施惠琳女士。当我写下上海人在"黄梅天"前后对天气的矛盾情绪后，施老师评价我的这篇作文有点像《围城》的感觉。从此，我见到书就心生欢喜，阅读书籍几乎毫不费力。

第三个人，是我考研期间，在复旦大学校园里听课时偶尔遇到的一位老师。虽然已经不记得他的姓名，但他分享的使用"黄金思维圈"（为什么、是什么、怎么做）的写作手法，让我第一次对文章的结构有了清晰的认识。

这些启蒙、引导与点拨如今看来似乎不值一提，但对当时的我来说，却是开启一个个更佳平行宇宙的契机。在这里，我要由衷地感谢你们。

同时，我也要感谢出版社的编辑老师，让我在写作的同时，也在不断地提升认知和迭代自己。

另外，我还要感谢我的爱人王怡女士和儿子何昊伦小朋友，你们在我写作的路上给了我诸多启发，在生活中也让我不断践行获得亲密关系与亲子关系的幸福法则。

最后，还要感谢和祝福读到这里的你，祝福你不断地在人生的旅途中做对一个个选择，有策略地奔向更佳版本的自己。